Betonbauwerke für die Zukunft

Jetzt diesen Titel zusätzlich als E-Book downloaden und 70 % sparen!

Als Käufer dieses Buchtitels haben Sie Anspruch auf ein besonderes Kombi-Angebot: Sie können den Titel zusätzlich zum Ihnen vorliegenden gedruckten Exemplar für nur 30 % des Normalpreises als E-Book beziehen.

Der BESONDERE VORTEIL: Im E-Book recherchieren Sie in Sekundenschnelle die gewünschten Themen und Textpassagen. Denn die E-Book-Variante ist mit einer komfortablen Volltextsuche ausgestattet!

Deshalb: Zögern Sie nicht. Laden Sie sich am besten gleich Ihre persönliche E-Book-Ausgabe dieses Titels herunter.

In 3 einfachen Schritten zum E-Book:

❶ Rufen Sie die Website **www.beuth.de/e-book** auf.

❷ Geben Sie hier Ihren persönlichen, nur einmal verwendbaren E-Book-Code ein:

253971C424KB8C1

❸ Klicken Sie das „Download-Feld" an und gehen dann weiter zum Warenkorb. Führen Sie den normalen Bestellprozess aus.

Hinweis: Der E-Book-Code wurde individuell für Sie als Erwerber dieses Buches erzeugt und darf nicht an Dritte weitergegeben werden. Mit Zurückziehung dieses Buches wird auch der damit verbundene E-Book-Code für den Download ungültig.

Betonbauwerke für die Zukunft

Herausgeber
Prof. Dr.-Ing. Klaus Holschemacher, HTWK Leipzig

Betonbauwerke für die Zukunft

Hintergründe, Auslegungen, Praxisbeispiele
Beiträge aus Praxis und Wissenschaft

Mit Beiträgen von:
Dr.-Ing. Johannes Furche • Dr.-Ing. Lothar Höher
Prof. Dr.-Ing. Klaus Holschemacher • Dipl.-Ing. Alex Hückler
Dipl.-Ing. (FH) Alexander Kahnt • Dipl.-Ing. Undine Klein
M.Sc. Emanuel Lägel • M.Sc. Frank Lobisch
Dipl.-Ing. Dipl.-Wirt. Ing. Claudia Lösch
Prof. Dr.-Ing. Viktor Mechtcherine • Dr.-Ing. habil. Olaf Mertzsch
Dr.-Ing. Christian Mühlbauer • Dr.-Ing. Torsten Müller
Prof. Dipl.-Ing. Hans-Georg Oltmanns • Dr.-Ing. Thomas Richter
Prof. Dr. sc. techn. Mike Schlaich
Prof. Dr.-Ing. habil. Dr.-Ing. E.h. Konrad Zilch

Beuth Verlag GmbH · Berlin · Wien · Zürich

Bauwerk

© 2015 Beuth Verlag GmbH
Berlin · Wien · Zürich
Am DIN-Platz
Burggrafenstraße 6
10787 Berlin

Telefon: +49 30 2601-0
Telefax: +49 30 2601-1260
Internet: www.beuth.de
E-Mail: kundenservice@beuth.de

Das Werk einschließlich aller seiner Teile ist urheberrechtlich geschützt.
Jede Verwertung außerhalb der Grenzen des Urheberrechts ist ohne schriftliche Zustimmung
des Verlages unzulässig und strafbar. Das gilt insbesondere für Vervielfältigungen, Übersetzungen,
Mikroverfilmungen und die Einspeicherung in elektronische Systeme.

Die im Werk enthaltenen Inhalte wurden vom Verfasser und Verlag sorgfältig erarbeitet und
geprüft. Eine Gewährleistung für die Richtigkeit des Inhalts wird gleichwohl nicht übernommen.
Der Verlag haftet nur für Schäden, die auf Vorsatz oder grobe Fahrlässigkeit seitens des Verlages
zurückzuführen sind. Im Übrigen ist die Haftung ausgeschlossen.

Druck und Bindung: Medienhaus Plump, Rheinbreitbach

Gedruckt auf säurefreiem, alterungsbeständigem Papier nach DIN EN ISO 9706.

ISBN 978-3-410-25397-6

Vorwort

Die Betonbauweise wird zurzeit vor allem durch die Fortschreibung der normativen Grundlagen, baustoffliche Innovationen sowie neue Planungsmethoden geprägt. Darüber hinaus gewinnt das ressourcenschonende, nachhaltige Bauen zunehmend an Bedeutung. Damit sind weitreichende Umstellungen für die in der Bauplanung oder der Bauausführung tätigen Ingenieure verbunden.

Der vorliegende Band enthält die Beiträge zur 11. Tagung Betonbauteile, die am 19. März 2015 unter dem Thema „Betonbauwerke für die Zukunft – Hintergründe, Auslegungen, neue Tendenzen" vom Institut für Betonbau (IfB) der HTWK Leipzig, der BetonMarketing Nordost, Gesellschaft für Bauberatung und Marktförderung mbH und dem Fachverband Beton- und Fertigteilwerke Sachsen/Thüringen e.V. durchgeführt wurde. In den insgesamt 12 Beiträgen geben renommierte Autoren aus Wissenschaft und Praxis einen Überblick zu den gegenwärtig im Betonbau zu verzeichnenden Tendenzen.

Im ersten Teil des vorliegenden Bandes werden in den „Eurocode-Praxis"-Beiträgen verschiedene Fragestellungen behandelt, die mit der Anwendung des EC1 und EC2 in der Baupraxis aufgeworfen worden sind. Weiterhin wird die neue DAfStb-Richtlinie „Verstärken von Betonbauteilen mit geklebter Bewehrung" vorgestellt. Daran anschließend wird auf die Bemessung und Konstruktion von Verbundbauteilen sowie baupraktisch interessante baustoffliche Innovationen eingegangen. Ein anderer Schwerpunkt ist speziellen Anwendungsgebieten (Befestigungstechnik, Industriefußböden aus Stahlfaserbeton, dichte Behälter für die Landwirtschaft) gewidmet. Besonderes Interesse dürften die abschließenden Beiträge zu Building Information Modeling (BIM) und nachhaltigem Bauen finden. Beides sind Entwicklungen, die die tägliche Arbeit der Bauingenieure stark beeinflussen werden.

Mein besonderer Dank gilt den Autoren der einzelnen Beiträge, ohne deren Fachkompetenz und termingerechte Bearbeitung dieser Band nicht möglich gewesen wäre. Dank gebührt weiterhin dem Beuth Verlag für die wieder sehr gute Zusammenarbeit.

Leipzig, im März 2015   *Klaus Holschemacher*

Inhaltsverzeichnis

Klaus Holschemacher
Eurocode-Praxis: Bewehrungsregeln nach EC2 1

1   Einleitung 1
2   Verankerung der Bewehrung 1
3   Zugkraft- und Querkraftdeckung 4
4   Mindestbewehrung zur Rissbreitenbegrenzung 6
5   Anforderungen bei Verwendung großer Stabdurchmesser 8
6   Qualitätssicherung beim Einbau der Bewehrung 9
7   Zusammenfassung 11

Olaf Mertzsch
Eurocode-Praxis: Spannbetonbauteile nach EC2 13

1   Allgemeines 13
2   Baustoffe 13
3   Vorspannkraft 18
4   Grenzzustand der Tragfähigkeit 24
5   Gebrauchstauglichkeitsnachweise 27

Undine Klein
Eurocode-Praxis: Wind- und Schneelasten nach EC1 31

1   Einführung 31
2   Datenausgangslage und Sicherheitskonzept 33
3   Anwendungserfahrungen 40
4   Tendenzen und offene Fragen 43
5   Zusammenfassung 45

Konrad Zilch, Christian Mühlbauer

DAfStb-Richtlinie „Verstärken von Betonbauteilen mit geklebter Bewehrung 47

1	Einführung	47
2	Die DAfStb-Richtlinie „Verstärken"	48
3	Zum Aufbau und Inhalt der allgemeinen bauaufsichtlichen Zulassungen	51
4	Hintergrund: Verbundmodelle für aufgeklebte Bewehrung	52
5	Ausblick	56

Johannes Furche

Verbundbauteile unter nicht vorwiegend ruhender Belastung 59

1	Einleitung	59
2	Regelungen nach Eurocode 2	60
3	Regelungen nach Zulassungen für Gitterträger	63
4	Bemessung von Elementdecken mit Gitterträgern	67
5	Ausblick	70
6	Zusammenfassung	74

Viktor Mechtcherine

Dehnungsverfestigender Faserbeton 77

1	Einführung	77
2	Werkstoffentwicklung	78
3	Mechanische Eigenschaften, Verformungs- und Bruchverhalten	81
4	Dauerhaftigkeit	86
5	Anwendungen	86
6	Zusammenfassung	89

Mike Schlaich, Claudia Lösch, Alex Hückler

Infraleichtbeton – Stand 2015 93

1	Einleitung	93
2	Stand der Forschung	94
3	Infraleichtbeton im Geschosswohnungsbau	97
4	Ausblick	102

Lothar Höher

Entscheidungen in der Befestigungstechnik – einbetonierte Verankerungen versus Bohrmontage 105

1	Historie	105
2	Experten zur Ermittlung der Kriterien bei der Entscheidung über die Verwendung von Befestigungssystemen	107
3	Zusammenfassung der Expertenaussagen	115

Torsten Müller, Frank Lobisch

Industriefußböden aus Stahlfaserbeton 119

1	Einleitung	119
2	Bemessungsgrundlagen	120
3	Hinweise zur Planung	123
4	Bemessungsbeispiel	125

Hans-Georg Oltmanns

Building Information Modeling – Neue Anforderungen an die Planung von Betonbauteilen 139

1	Vorwort zu BIM	139
2	BIM - Methode	142
3	BIM - Umfeld	145
4	Beispiel für die Anwendung von IFC, bSDD, GUID	146
5	Datenweitergabe vom Modell zu IFC und FEM	148
6	Datenweitergabe vom Modell zum Werkplan	151
7	Zusammenfassung	154

Thomas Richter

Dichte Behälter für die Landwirtschaft – DIN 11622, AwSV, TRwS und was noch? 155

1	Besondere Anforderungen an Anlagen zur Lagerung von Jauche, Gülle, Silagesickersäften und Festmist sowie von Biogasanlagen	155
2	Begriffe	157
3	Rechtliche Rahmenbedingungen	158
4	Güllebehälter	159
5	Gärfuttersilos	163
6	Silagesickersaftbehälter	165
7	Biogasanlagen	166

Alexander Kahnt, Emanuel Lägel, Klaus Holschemacher

Nachhaltig Bauen mit Beton – die Zukunft in der Gegenwart sichern 169

1	Einführung	169
2	Energie- und rohstoffeffizientes Bauen	171
3	Langlebiges Bauen, Dauerhaftigkeit von Beton	178
4	Zusammenfassung und Ausblick	184

Eurocode-Praxis: Bewehrungsregeln nach EC2

Klaus Holschemacher

1 Einleitung

Beginnend mit dem 01. Juli 2012 ist in allen deutschen Bundesländern die Betonbaunorm DIN EN 1992-1-1 [1] (nachfolgend kurz als EC2 bezeichnet) zusammen mit dem Nationalen Anhang DIN EN 1992-1-1/NA [2] (im Folgenden als EC2/NA bezeichnet) bauaufsichtlich eingeführt worden. Der vorliegende Beitrag widmet sich einigen Fragestellungen, die im Zusammenhang mit der Einführung des EC2 bzw. EC2/NA hinsichtlich der konstruktiven Durchbildung der Bewehrung von Stahlbetonbauteilen („Bewehrungsregeln") entstanden sind. Diese betreffen im Wesentlichen:

- Berechnung der Verankerungslänge der Bewehrung
- Zugkraftdeckung
- Mindestbewehrung für Zwangbeanspruchung
- Verwendung großer Stabdurchmesser
- Qualitätssicherung beim Einbau der Bewehrung.

2 Verankerung der Bewehrung

2.1 Berücksichtigung des Auslastungsgrads der Bewehrung

Nach EC2, 8.4.3, Gl. (8.3), ist der Grundwert der Verankerungslänge $l_{b,rqd}$ entsprechend der in den Grenzzuständen der Tragfähigkeit (GZT) am Beginn der Verankerungslänge wirkenden Stahlspannung σ_{sd} zu ermitteln:

$$l_{b,rqd} = \frac{\varnothing}{4} \cdot \frac{\sigma_{sd}}{f_{bd}}$$

$l_{b,rqd}$	Grundwert der Verankerungslänge
$\varnothing$	Bewehrungsdurchmesser
σ_{sd}	Stahlspannung in den GZT am Beginn der Verankerungslänge
f_{bd}	Bemessungswert der Verbundfestigkeit

Im Regelfall verbleibt die Stahlspannung im Verankerungsbereich unterhalb des Bemessungswertes der Streckgrenze des Betonstahls f_{yd}. Da der Grundwert der

---

Prof. Dr.-Ing. Klaus Holschemacher, HTWK Leipzig, Institut für Betonbau

Verankerungslänge nach EC2, Gln. (8.6) und (8.7), in die Mindestverankerungslänge $l_{b,min}$ eingeht, ergibt sich somit eine – nicht beabsichtigte – Abhängigkeit der Mindestverankerungslänge vom Auslastungsgrad der Bewehrung.

Im Kommentar zum EC2 [3] wird daher vorgeschlagen, den Grundwert der Verankerungslänge unter Ansatz des Bemessungswertes der Streckgrenze, also für eine vollständig ausgelastete und mit geradem Stabende verankerte Bewehrung, zu ermitteln:

$$l_{b,rqd} = \frac{\varnothing}{4} \cdot \frac{f_{yd}}{f_{bd}} \qquad\qquad f_{bd} \quad \text{Bemessungswert der Verbundspannung}$$

Die Berücksichtigung der tatsächlichen Beanspruchung in der Bewehrung erfolgt dann erst bei der Ermittlung der Verankerungslänge l_{bd}, indem EC2, Gl. (8.4) um den Faktor $A_{s,erf} / A_{s,vorh} \geq 1,0$ erweitert wird:

$$l_{bd} = \prod_{i=1,3,4,5} \alpha_i \cdot l_{b,rqd} \cdot \frac{A_{s,erf}}{A_{s,vorh}} \geq l_{b,min} \qquad \begin{array}{l} l_{bd} \quad \text{Grundwert der Verankerungslänge} \\ \alpha_i \quad \text{Beiwerte zur Berechnung von } l_{bd} \\ l_{b,min} \quad \text{Mindestverankerungslänge} \end{array}$$

Die Mindestwerte der Verankerungslänge sind dann unter Ansatz der EC2-Gln. (8.6) und (8.7) nur noch vom Bewehrungsdurchmesser und der Verbundfestigkeit abhängig:

$$-\quad l_{b,min} = \max \begin{cases} 0,3 \cdot \alpha_1 \cdot \alpha_4 \cdot l_{b,rqd} \\ 10 \cdot \varnothing \end{cases} \quad \text{(Zugstäbe)}$$

Bei direkter Stützung darf die Mindestverankerungslänge für Zugstäbe mit dem Faktor 2/3 multipliziert werden, womit wieder Übereinstimmung mit DIN 1045-1 [4] besteht.

$$-\quad l_{b,min} = \max \begin{cases} 0,6 \cdot l_{b,rqd} \\ 10 \cdot \varnothing \end{cases} \quad \text{(Druckstäbe)}$$

2.2 Berücksichtigung zusätzlicher Einflussfaktoren bei der Berechnung der Verankerungslänge

Bereits nach DIN 1045-1 [4] und deren Vorgängernormen war es möglich, Parameter, die sich abmindernd auf die Verankerungslänge auswirken, zu berücksichtigen:

- Anordnung von Verankerungselementen und von angeschweißten Querstäben
- Auslastungsgrad der Bewehrung
- Querdruck innerhalb der Verankerungslänge bei direkter Auflagerung.

Dem gegenüber können nach EC2 über die Beiwerte α_1 bis α_5 zusätzliche Einflussfaktoren auf die Verankerungslänge erfasst werden, siehe Tabelle 1.

Tabelle 1: Beiwerte α_i zur Berechnung des Verankerungslänge l_{bd}

Beiwert	Berücksichtigter Einflussfaktor	Entsprechender Beiwert in DIN 1045-1
α_1	Verankerungsart (Gerades Stabende, Haken, Winkelhaken, Schlaufen)	α_a
α_3	Nicht angeschweißte Querbewehrung	–
α_4	Angeschweißte Querbewehrung	α_a
α_5	Druck quer zur Spaltzugrissebene innerhalb der Verankerungslänge	Berücksichtigung über den Faktor 2/3 bei direkt gestützten Endauflagern. Berücksichtigung von Querdruck/Querzug über Erhöhung/Abminderung des Bemessungswertes der Verbundspannung

Die EC2-Regelungen zu den Faktoren α_1 und α_4 stimmen mit denen aus DIN 1045-1 [4] überein. Der in EC2 zusätzlich enthaltene Beiwert α_2 zur Berücksichtigung der Betondeckung der Bewehrung ist durch die in EC2/NA enthaltene Forderung $\alpha_2 = 1,0$ praktisch herausgefallen und daher nicht in Tabelle 1 angegeben. Der Beiwert α_5 darf bei direkter Lagerung vereinfacht zu $\alpha_5 = 2/3$ angenommen werden. Sofern Querzug im Verankerungsbereich auftritt, ist dieser durch den Ansatz $\alpha_5 = 1,5$ zu berücksichtigen. Davon darf abgesehen werden, wenn bei vorwiegend ruhenden Einwirkungen die Rissbreite parallel zu den zu verankernden Bewehrungsstäben auf $w_k \leq 0,2$ mm begrenzt wird.

Vereinfachend wird im EC2 die Berechnung einer Ersatzverankerungslänge $l_{b,eq}$ empfohlen, bei der praktisch nur die Beiwerte α_1 und α_4 sowie der Faktor 2/3 bei direkter Auflagerung berücksichtigt werden. Gleichwohl gelten die oben zu Querzug getroffenen Aussagen auch bei der Ermittlung von $l_{b,eq}$.

2.3 Einfluss des Druckstrebenneigungswinkels

Häufig unterschätzt wird in der Baupraxis der Einfluss des im Rahmen der Querkraftbemessung gewählten Neigungswinkels der Betondruckstrebe auf die Größe der Verankerungskraft und damit die erforderliche Verankerungslänge der Feldbewehrung im Endauflager. Nach EC2/NA, Gl. (6.7aDE) gilt:

$$1{,}0 \leq \cot\theta \leq \frac{1{,}2 + 1{,}4 \cdot \sigma_{cd}/f_{cd}}{1 - V_{Rd,cc}/V_{Ed}} \leq 3{,}0$$

θ Druckstrebenneigungswinkel
V_{Ed} Bemessungswert der einwirkenden Querkraft
$V_{Rd,cc}$ Betontraganteil

Sofern θ innerhalb der zur Verfügung stehenden Spanne relativ groß gewählt wird, ergibt sich zwar eine größere Querkraftbewehrung, gleichzeitig verringert sich aber das Versatzmaß und damit auch die Verankerungskraft und die Verankerungslänge. Dieser Effekt kann bei geringen zur Verfügung stehenden Auflagertiefen (z.B. Fertigteile) genutzt werden. Die Mindestwerte der Verankerungslänge sind allerdings in jedem Fall einzuhalten.

3 Zugkraft- und Querkraftdeckung

Durch die Zugkraftdeckung ist sicherzustellen, dass in jedem Bauteilquerschnitt sowohl in den GZT als auch in den GZG die auftretenden Zugkräfte durch die Biegezugbewehrung aufgenommen werden können. Zusätzliche Anforderungen zur notwendigen Länge der oberen Biegezugbewehrung im Bereich von Innenstützen können sich aus der Nachweisführung für den Brandfall nach DIN EN 1992-1-2 [5] und DIN EN 1992-1-2/NA [6] ergeben.

Beim Nachweis der Zugkraftdeckung darf nach EC2, Bild 9.2, ein linearer Kraftabfall innerhalb der Verankerungslänge der Bewehrung angesetzt werden, was nach DIN 1045-1 [4] nicht zulässig war (Bild 1). In der Folge ergeben sich bei gestaffelter Bewehrung geringfügig kürzere Stablängen [3]. Hier steigt die Verantwortung des Tragwerksplaners, unter Berücksichtigung der in der Baupraxis auftretenden Verlegetoleranzen für eine robuste Bewehrungsführung zu sorgen.

Zur Querkraftdeckung bei gestaffelter Querkraftbewehrung bzw. Einschneiden der Querkraftdeckungslinie finden sich in EC2 bzw. EC2/NA nur im Kapitel 6.2.5 *Schubkraftübertragung in Fugen* entsprechende Angaben. Ein ausdrücklicher Hinweis zur generellen Möglichkeit des Einschneidens der Querkraftdeckungslinie wie in DIN 1045-1, Bild 68, fehlt. Allerdings ergibt sich diese Möglichkeit ohnehin aus dem Tragmodell (Fachwerkmodell), welches der Querkraftbemessung zugrunde liegt. Daher darf DIN 1045, Bild 68, auch weiterhin für die konstruktive Durchbildung der Querkraftbewehrung genutzt werden. Das Einschneiden der Querkraftdeckungslinie bei in der Zugzone angehängter Belastung ist allerdings nicht zulässig [3].

Eurocode-Praxis: Bewehrungsregeln nach EC2

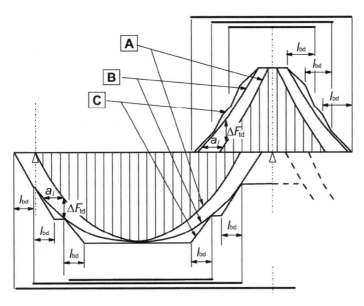

A Umhüllende für $M_{Ed}/z + N_{Ed}$ B Einwirkende Zugkraft F_s C Aufnehmbare Zugkraft F_R

Bild 1: Zugkraftdeckung nach DIN EN 1992-1-1, Bild 9.2

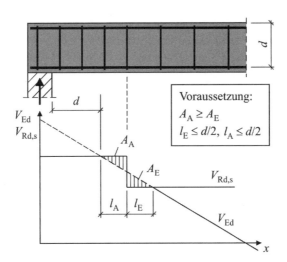

Bild 2: Einschneiden der Querkraftdeckungslinie nach DIN 1045-1, Bild 68, (Darstellung aus [7])

4 Mindestbewehrung zur Rissbreitenbegrenzung

In Stahlbetonbauteilen sind nach EC2 zahlreiche Mindestbewehrungen gefordert, ohne dass sich wesentliche Änderungen gegenüber der Vorgängernorm DIN 1045-1 [4] ergeben haben. Eine Zusammenstellung und Begründung der Notwendigkeit derartiger Mindestbewehrungen wird in [8] gegeben.

Ein Problem in der Anwendung des EC2 stellt die Berechnung der Mindestbewehrung zur Begrenzung der Rissbreite dar. Nach EC2, Gl. (7.1), geht in deren Berechnung die wirksame Betonzugfestigkeit $f_{ct,eff}$ ein:

$$A_{s,min} = k_c \cdot k \cdot f_{ct,eff} \cdot A_{ct} / \sigma_s$$

$A_{s,min}$	Querschnittsfläche der Mindestbewehrung
k_c	Beiwert zur Berücksichtigung der Spannungsverteilung im Querschnitt
k	Beiwert zur Berücksichtigung von Eigenspannungen
$f_{ct,eff}$	wirksame Betonzugfestigkeit
A_{ct}	Fläche der Betonzugzone
σ_s	Spannung in der Betonstahlbewehrung

Für eine sachgerechte Bestimmung der Mindestbewehrung muss die Größe der wirksamen Betonzugfestigkeit unter Berücksichtigung des erwarteten Zeitpunkts der Rissbildung und des zu diesem Zeitpunkt vorliegenden Erhärtungszustandes des Betons realistisch eingeschätzt werden. Nach EC2/NA, 7.3.2, ist die wirksame Betonzugfestigkeit bei diesem Nachweis aus dem Mittelwert der Betonzugfestigkeit $f_{ctm}(t)$ zu ermitteln. Zur Berücksichtigung möglicher Überfestigkeiten des Betons soll für $f_{ctm}(t)$ kein geringerer Wert als 3,0 N/mm² angesetzt werden. Wird im Fall eines frühen Zwangs (z.B. aus Hydratationswärmeentwicklung und deren Abfluss) die Rissbildung bereits in den ersten 3 bis 5 Tagen nach dem Betonieren erwartet, darf nach EC2/NA die wirksame Betonzugfestigkeit aus $f_{ct,eff} = 0{,}50 f_{ctm}(28d)$ berechnet werden. In diesem Fall ist durch entsprechende Hinweise in der Baubeschreibung und den Ausführungsunterlagen sicherzustellen, dass bei der Festlegung des Betons eine entsprechende Anforderung aufgenommen werden kann.

Es hat sich in der Baupraxis gezeigt, dass die für frühen Zwang festgeschriebenen Regelungen folgende Risiken in sich bergen [9] – [11]:

– Die Rissbildung wird zwar durch frühen Zwang verursacht, die Betonzugfestigkeit bei Entstehung der Risse ist aber größer als $f_{ct,eff} = 0{,}50 f_{ctm}(28d)$. Dieser Effekt kann auftreten, weil die Betonzugfestigkeit moderner Betone im Betonalter von 3 bis 5 Tagen häufig deutlich höher als 50% der 28-Tage-Festigkeit ist, siehe Bild 3.

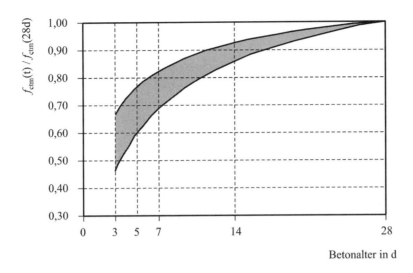

Bild 3: Zeitliche Entwicklung der Zugfestigkeit entsprechend EC2, Gl. (3.4)

– Durch geeignete betontechnologische und Nachbehandlungsmaßnahmen wird eine Rissbildung durch frühen Zwang vermieden. Es tritt aber eine Rissbildung infolge späten Zwangs auf. Dieser Fall ist in der Praxis häufig bei Behälterbauwerken aufgetreten, die in ungefülltem Zustand klimatischen Einwirkungen (z.B. direkter Sonneneinstrahlung) ausgesetzt worden sind.

In beiden Fällen wird die Mindestbewehrung wegen der Überschreitung der bei der Berechnung zugrunde gelegten wirksamen Betonzugfestigkeit zu gering ausfallen. In der Folge können breite Risse entstehen, die mit den Anforderungen an die Gebrauchstauglichkeit nicht vereinbar sind.

In [12] wird daher empfohlen, zur Berechnung der Mindestbewehrung bei frühem Zwang die effektive Betonzugfestigkeit mit

$$f_{ct,eff} = (0{,}65 \ldots 0{,}85) \cdot f_{ctm}(28d)$$

anzusetzen.

Darüber hinaus ist zu prüfen, ob der Lastfall „später Zwang" maßgebend werden kann. Bei spätem Zwang ist der Mittelwert der Betonzugfestigkeit im Betonalter von 28 Tagen nach EC2, Tabelle 3.1, mindestens jedoch ein Wert von 3,0 N/mm² maßgebend. Der Beiwert k zur Berücksichtigung von Eigenspannungen ist gegebenenfalls mit 1,0 anzunehmen. Die damit berechnete Mindestbewehrung ist unter Umständen mehr als doppelt so groß, wie diejenige, die für frühen Zwang mit $f_{ct,eff} = 0{,}50\, f_{ctm}(28d)$ berechnet wird.

In diesem Zusammenhang kann es lohnend sein, eine genauere Ermittlung der Größe der Zwangbeanspruchungen vorzunehmen. Insbesondere für Bodenplatten lassen sich häufig Zwangschnittgrößen bestimmen, die unterhalb der Rissschnittgrößen liegen und somit nach EC2/NA, 7.3.2 (2), eine Verringerung der Mindestbewehrung ermöglichen [13].

5 Anforderungen bei der Verwendung großer Stabdurchmesser

Für Stahlbetonbauteile mit sehr hohem Längsbewehrungsgehalt bringt die Verwendung von Bewehrungsstäben mit großem Stabdurchmesser einige Vorteile mit sich. Vor allem im Ausland sind damit in der Vergangenheit gute Erfahrungen gemacht worden. So sind z.B. in den USA Bewehrungsstäbe bis #18, entsprechend einem Nenndurchmesser von etwa 57 mm, in verschiedenen ASTM-Standards geregelt und in der Baupraxis erfolgreich verwendet.

Die Reduzierung der Anzahl der Bewehrungsstäbe bei gleichzeitiger flächenneutraler Durchmesservergrößerung (1 $\varnothing$40 ersetzt 2 $\varnothing$28) führt zu erhöhten lichten Bewehrungsabständen und damit einem vereinfachten Einbringen und Verdichten des Frischbetons. Auf der anderen Seite sind einige Nachteile, die mit der Verwendung von Bewehrungsstäben mit großen Stabdurchmessern verbunden sind (Verankerung, Stoßausbildung, Rissbreitenbeschränkung, Betondeckung), zu beachten und durch geeignete Konstruktionsregeln auszugleichen.

Vor Einführung des EC2 waren die Stabdurchmesser von Betonstabstählen auf den Durchmesserbereich von 6 mm bis 28 mm begrenzt. Der Einsatz von Bewehrungsstäben mit einem Stabdurchmesser $\varnothing > 28$ mm war durch eine Allgemeine bauaufsichtliche Zulassung sicherzustellen. Die Grundlage für die Verwendung von Bewehrungsstäben mit einem Stabdurchmesser $\varnothing > 28$ mm stellt nunmehr DIN 488-2 [14] in Zusammenhang mit Kapitel 8.8 des EC2 dar. Im Resultat ist damit der Einsatz von Betonstäben mit den Durchmessern $\varnothing$32 mm und $\varnothing$40 mm ohne Allgemeine bauaufsichtliche Zulassung möglich, während Stabdurchmesser $> \varnothing$ 40 mm weiterhin zulassungsbedürftig sind.

Die im EC2, Kapitel 8, angegebenen allgemeinen Bewehrungsregeln gelten für den gesamten Durchmesserbereich von 6 mm bis 40 mm, wobei im Kapitel 8.8 zusätzliche Regelungen für Stabdurchmesser $\varnothing$40 mm formuliert worden sind. Diese betreffen unter anderem:

– Einsatzgrenzen (Ausnahmen für überwiegend druckbeanspruchte Bauteile sind möglich, siehe EC2)
  • Bauteilmindestdicke 15$\varnothing$
  • Betone der Festigkeitsklassen C20/25 bis C80/90

– Rissbreitenbegrenzung
  • Anordnung einer Oberflächenbewehrung nach EC2, Anhang J, oder
  • Berechnung der Rissbreite nach EC2, 7.3.4

- Verankerung
  - mit Ankerkörpern oder als gerades Stabende mit umschnürenden Bügeln
  - Abminderung der Verbundfestigkeit f_{bd} durch den Faktor η_2
  - differenzierte Regelungen zur Anordnung einer Querbewehrung im Verankerungsbereich
- Bewehrungsstöße sind zu vermeiden. Ausnahmen sind in Querschnitten mit einer Mindestabmessung von 1,00 m oder bei einer Stahlspannung $\sigma_{sd} \leq 0,8\, f_{yd}$ zulässig. Für die Stoßausbildung bestehen folgende Möglichkeiten
  - mittels mechanischer Verbindung
  - als geschweißte Stöße
  - als Übergreifungsstoß in überwiegend biegebeanspruchten Bauteilen mit einem Anteil der gestoßenen Bewehrung vom maximal 50% der Gesamtbewehrung.
- konstruktive Durchbildung
  - Bügelbewehrungen sind bei Druckgliedern mit $\varnothing_w = 12$ mm und einem auf $0,5\, h_{min} \leq 300$ mm reduzierten Bügelabstand auszubilden.
  - Zur Verbundsicherung ist bei Platten und Balken über eine in Querrichtung verlaufende zusätzliche Bewehrung erforderlich, die über die gesamte Länge der $\varnothing 40$-Bewehrung anzuordnen ist. Zur Größe und der konstruktiven Durchbildung dieser Bewehrung siehe EC2.
- Auf 0,9 V_{Rdc} verminderter Ansatz der Querkrafttragfähigkeit von Bauteilen ohne Querkraftbewehrung.

Im Nationalen Anhang zu EC2 sind insgesamt 15 Ergänzungen (non-contradictory complementary information - NCI) zum eigentlichen Text des EC2 formuliert worden. Aus einem kürzlich abgeschlossenen Forschungsvorhaben geht allerdings hervor, dass auf einen Teil dieser zusätzlichen Festlegungen zukünftig verzichtet werden kann [15].

6 Qualitätssicherung beim Einbau der Bewehrung

Die mit der Normenfortschreibung der letzten Jahrzehnte verbundene stärkere Ausnutzung von Materialreserven führt zu immer schlankeren Stahlbetonbauteilen. Diese Tendenz wird auch in Zukunft anhalten, um den Anforderungen eines ressourcen- und energiesparenden, nachhaltigen Bauens nachkommen zu können. In diesem Zusammenhang gewinnen Fragestellungen der Genauigkeit des Biegevorgangs und des Einbaus der Bewehrung an Bedeutung.

Toleranzen im Stahlbetonbau sind in Deutschland in verschiedenen Normen geregelt:
- DIN 18202 [16] enthält Angaben zu zulässigen Grenzabweichungen (Maße, Winkel-, Flucht- und Ebenheitsabweichungen) von Bauteilen im Allgemeinen.
- In DIN EN 13670 [17] bzw. DIN 1045-3 [18] sind Maßtoleranzen für Stahlbetonbauteile, Querschnitte, Betondeckungen (Verweis auf EC2) und Übergreifungslängen angegeben.

Darüber hinaus gehende Anforderungen an die Genauigkeit von Bewehrungsführungen werden in der DAfStb-Richtlinie „Qualität der Bewehrung" [19] getroffen, die allerdings nicht bauaufsichtlich eingeführt worden ist. Daraus folgt, dass Arbeiten nach dieser Richtlinie zwischen den Vertragspartnern ausdrücklich vereinbart werden müssen. Dabei sollte darauf geachtet werden, dass alle beteiligten Gewerke (Bewehrungsplaner, Biegebetrieb, Verlegefirma, Rohbaufirma usw.) zur Anwendung der Richtlinie verpflichtet sind [20].

Im Rahmen der Richtlinie werden Anforderungen unterschieden, die vom Biegebetrieb oder vom Verlegebetrieb zu erfüllen sind. Für Bewehrungen festgelegte Toleranzen beziehen sich immer auf die in den Stahllisten angegeben Sollmaße. Für die Herstellung der Bewehrung im Biegebetrieb werden folgende Toleranzmaße angegeben:

- Grenzabweichungen von Längen- und Passmaßen
- Grenzabweichungen für Biegerollendurchmesser
- Grenzabweichungen für den lichten Abstand bei gestoßenen Bügelschenkeln
- Ebenheit von Biegeformen.

Tabelle 2: Grenzabweichungen von Längen- und Passstäben im mm (nach DAfStb-Richtlinie „Qualität der Bewehrung", Tab. 2 [19])

Grenz-abweichungen Δl in mm	Ablängen		Längenangaben in Biegeformen [a]		Hier: Toleranzen der zugehörigen Bügel beachten!		Bügel	
	Stablänge l		Stabdurchmesser $\varnothing$		Stabdurchmesser $\varnothing$		Stabdurchmesser $\varnothing$	
	$\leq 5,0$ m	$> 5,0$ m	≤ 14 mm	> 14 mm	≤ 14 mm	> 14 mm	≤ 10 mm	> 10 mm
Allgemein	±15	±20	+0 / −15	+0 / −25	+0 / −10	+0 / −20	+0 / −10	+0 / −15
bei Passmaßen	+0 / −5	+0 / −10	+0 / −10	+0 / −15	+0 / −10	+0 / −20	+0 / −5	+0 / −10

[a] Bei L-förmigen Biegeformen dürfen alternativ die Werte der Spalte „Ablängen" zugeordnet werden.

Die beim Verlegen der Bewehrung angegeben Grenzabweichungen betreffen:
- Verlegemaß zur Einhaltung der Betondeckung
- Verlegeabstände bei Stabstahlpositionen
- Längenmaße (z.B. Verlegebereiche, Lage von Stößen usw.)
- Übergreifungslängen von Stößen und Abstände zwischen gestoßenen Stäben
- Verankerungslängen.

Die Anwendung der DAfStb-Richtlinie „Qualität der Bewehrung" kann einen erheblichen Beitrag zu komplikationslosen Bewehrungsarbeiten auf der Baustelle führen und damit zur Vermeidung von Bauschäden beitragen.

7 Zusammenfassung

Die im EC2 formulierten Anforderungen zur konstruktiven Durchbildung der Bewehrung beruhen zum großen Teil auf DAfStb, Heft 300 [21]. Vor allem durch die höhere Ausnutzung von Materialreserven und dem möglichen Einsatz von höherfesten Betonen war es notwendig, die Bewehrungsregeln von Zeit zu Zeit anzupassen, siehe z.B. [22], [23]. Die mit der Anwendung der diesbezüglichen EC2-Regelungen auftretenden Schwierigkeiten halten sich für den planenden Ingenieur in Grenzen.

Grundsätzlich gilt, dass nicht immer jede in den Normen gebotene Möglichkeit bis zum Letzten ausgereizt werden muss. Viel wichtiger ist es, für eine robuste, gut ausführbare Bewehrungsführung zu sorgen.

Literatur

[1] DIN EN 1992-1-1: Eurocode 2: Bemessung und Konstruktion von Stahlbeton- und Spannbetontragwerken – Teil 1-1: Allgemeine Bemessungsregeln und Regeln für den Hochbau; Deutsche Fassung EN 1992-1-1:2014 + AC:2010. Ausgabe Januar 2011.

[2] DIN EN 1992-1-1/NA: Nationaler Anhang – national festgelegte Parameter – Eurocode 2: Bemessung und Konstruktion von Stahlbeton- und Spannbetontragwerken – Teil 1-1: Allgemeine Bemessungsregeln und Regeln für den Hochbau. Ausgabe April 2013.

[3] Fingerloos, F.; Hegger, J.; Zilch, K.: Eurocode 2 für Deutschland. DIN EN 1992-1-1, Bemessung und Konstruktion von Stahlbeton- und Spannbetontragwerken, Teil 1-1: Allgemeine Bemessungsregeln und Regeln für den Hochbau mit Nationalem Anhang. Kommentierte Fassung, Beuth Verlag, Berlin, Wien, Zürich; Ernst & Sohn, Berlin, 2012.

[4] DIN 1045-1: Tragwerke aus Beton, Stahlbeton und Spannbeton – Teil 1: Bemessung und Konstruktion. Ausgabe August 2008.

[5] DIN EN 1992-1-2: Eurocode 2: Bemessung und Konstruktion von Stahlbeton- und Spannbetontragwerken – Teil 1-2: Allgemeine Regeln – Tragwerksbemessung für den Brandfall; Deutsche Fassung EN 1992-1-2:2004 + AC:2008. Ausgabe Dezember 2010.

[6] DIN EN 1992-1-2/NA: Nationaler Anhang – National festgelegte Parameter – Eurocode 2: Bemessung und Konstruktion von Stahlbeton- und Spannbetontragwerken – Teil 1-2: Allgemeine Regeln – Tragwerksbemessung für den Brandfall. Ausgabe Dezember 2010.

[7] Holschemacher, K.: Entwurfs- und Berechnungstafeln für Bauingenieure. 6. Auflage, Beuth Verlag, Berlin, Wien, Zürich, 2013.

[8] Graubner, C.-A.; Kempf, S.: Mindestbewehrung in Betontragwerken. Warum und Wieviel? Beton- und Stahlbetonbau 95 (2000), H. 2, S. 72 – 80.

[9] Meier, A.: Der späte Zwang als unterschätzter – aber maßgebender – Lastfall für die Bemessung. Beton- und Stahlbetonbau 107 (2012), H. 4, S. 216 – 224.

[10] Meier, A.: Der späte Zwang als unterschätzter – aber maßgebender – Lastfall für die Bemessung. Rundschreiben Nr. 231, Dezember 2011, S. 6 – 9. Deutscher Beton- und Bautechnik-Verein E.V., Berlin, 2011.

[11] Meier, A.: Der späte Zwang als unterschätzter – aber maßgebender – Lastfall für die Bemessung. Teil 2: Hinweise für den Tragwerksplaner. Rundschreiben Nr. 243, Dezember 2014, S. 8 – 11. Deutscher Beton- und Bautechnik-Verein E.V., Berlin, 2014.

[12] Was hat die Festlegung mit Rissen in Betonbauteilen zu tun? Rundschreiben Nr. 242, September 2014, S. 1 – 5. Deutscher Beton- und Bautechnik-Verein E.V., Berlin 2014.

[13] Lohmeyer, G.; Ebeling, K.: Weiße Wannen einfach und sicher. 10. Auflage, Verlag Bau + Technik, Düsseldorf, 2013.

[14] DIN 488-2: Betonstahl – Betonstabstahl. Ausgabe August 2009.

[15] Hegger, J.; Schnell, J.; Empelmann, M.: Weiterentwicklung von Bemessungs- und Konstruktionsregeln bei großen Stabdurchmessern. 55. Forschungskolloquium des Deutschen Ausschusses für Stahlbeton, Düsseldorf, 2014.

[16] DIN 18202: Toleranzen im Hochbau – Bauwerke. Ausgabe April 2013.

[17] DIN EN 13670: Ausführung von Tragwerken aus Beton; Deutsche Fassung EN 13670:2009. Ausgabe März 2011.

[18] DIN 1045-3: Tragwerke aus Beton, Stahlbeton und Spannbeton – Teil 3: Bauausführung – Anwendungsregeln zu DIN EN 13670. Ausgabe März 2012.

[19] DAfStb-Richtlinie Qualität der Bewehrung – Ergänzende Festlegungen zur Weiterverarbeitung von Betonstahl und zum Einbau der Bewehrung. Ausgabe Oktober 2010.

[20] Moersch, J.: Richtlinie Qualität der Bewehrung. ISB-Mitteilungen 2008, H. 2, S. 3 – 8.

[21] Rehm, G.; Eligehausen, R.; Neubert, B.: Erläuterungen der Bewehrungsrichtlinien. Deutscher Ausschuss für Stahlbeton, Heft 300. Verlag W. Ernst & Sohn, Berlin, 1979.

[22] Hegger, J. et al.: Bewehrung nach Eurocode 2. Deutscher Ausschuss für Stahlbeton, Heft 599. Beuth Verlag, Berlin, Wien, Zürich, 2013.

[23] Landgraf, K.; Holschemacher, K.: Bewehrungskonstruktion nach Eurocode 2. Beuth Verlag, Berlin, Wien, Zürich, 2014.

Eurocode-Praxis: Spannbetonbauteile nach EC2

Olaf Mertzsch

1 Allgemeines

Nachfolgend werden die wesentlichen Grundlagen der Spannbetonbemessung nach DIN EN 1992-1-1 (EC 2) [6] und dem zugehörigen Nationalen Anhang [7] dargestellt. Soweit erforderlich wird auf die Unterschiede zu DIN 1045-1 [5] eingegangen.

Es ist anzumerken, dass die Grundlagen der Spannbetonbemessung nach EC 2 [6] und [7] weitgehend der Bemessung nach DIN 1045-1 [5] entsprechen. Dies ist zum einen darauf zurückzuführen, dass die DIN 1045-1 [5] auf dem Entwurf zum EC 2 aus dem Jahre 1992 aufbaut. Zum anderen wurde eine Reihe von speziellen Regelungen, dies betrifft insbesondere den Querkraftnachweis, durch entsprechende NCI's in den Nationalen Anhang [7] übernommen. Zusätzliche bzw. leicht geänderte Berechnungsansätze finden sich im Bereich des Langzeitverhaltens des Betons sowie der Gebrauchstauglichkeitsnachweise.

2 Baustoffe

Die bei der Bemessung anzusetzenden Baustoffeigenschaften des Betons können [6] entnommen werden. Im Gegensatz zur Bemessung von Stahlbetonbauteilen ist bei der Bemessung von Spannbetonbauteilen der zeitliche Einfluss der Baustoffkennwerte zu berücksichtigen. Hierzu wird in [6] von der Verlaufsfunktion nach Gl. (1) ausgegangen.

$$\beta_{cc}(t) = e^{\left[s\left(1-\sqrt{\frac{28}{t}}\right)\right]} = \exp\left[s\left(1-\sqrt{\frac{28}{t}}\right)\right] \tag{1}$$

In Gl. (1) bedeuten:
t Betonalter in Tagen
s Beiwert in Abhängigkeit von der Zementart nach Tabelle 1

Prof. Dr.-Ing. habil. Olaf Mertzsch, Landesamt für Straßenbau und Verkehr Mecklenburg-Vorpommern, Rostock

Tabelle 1: Beiwert s in Gleichung (1)

Betonfestigkeit f_{cm} in N/mm²	Zementtyp	s
≤ 60	RS	0,20
	N, R	0,25
	SL	0,38
> 60	-	0,20

Auf der Grundlage von Gl. (1) ergibt sich die zeitliche Entwicklung der Betonfestigkeit und des Elastizitätsmoduls des Betons zu:

- Betondruckfestigkeit

$$f_{cm}(t) = \beta_{cc}(t) \cdot f_{cm} \tag{2}$$

- Zugfestigkeit des Betons

$$f_{ctm}(t) = [\beta_{cc}(t)]^{\alpha} f_{ctm} \tag{3}$$

$\alpha = 1$ für t < 28 Tage
$\alpha = 2/3$ für t ≥ 28 Tage

- Elastizitätsmodul des Betons

$$E_{cm}(t) = [\beta_{cc}(t)]^{0,3} E_{cm} \tag{4}$$

Einen Vergleich der zeitlichen Entwicklung der Betoneigenschaften zeigt Bild 1.

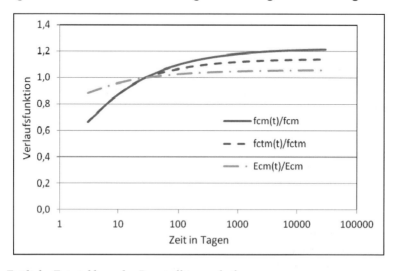

Bild 1: Zeitliche Entwicklung der Baustoffeigenschaften

Da die verwendete Gesteinskörnung einen wesentlichen Einfluss auf die elastischen Eigenschaften des Betons hat, kann der Elastizitätsmodul für eine genauere Berechnung entsprechend Gl. (5) modifiziert werden.

$$E_{cm,mod} = \alpha_E \cdot E_{cm}, \quad \alpha_E \text{ nach Tabelle 2} \tag{5}$$

Tabelle 2: Beiwert α_E zur Berücksichtigung des Einflusses der Zuschlagart

Zuschlagart	Korrekturbeiwert α_E
Basalt, dichter Kalkstein	1,2
quarzitische Zuschläge	1,0
Kalkstein	0,9
Sandstein	0,7

Neben der zeitlichen Entwicklung der Betonfestigkeit und der Betonsteifigkeit ist bei der Spannbetonbemessung auch der Einfluss von Kriechen und Schwinden des Betons zu beachten. Zur Abgrenzung der Begriffe wird von folgender Kurzdefinition ausgegangen:

- Kriechen → Zunahme der Betonverformungen bei konstanter Dauerlast
- Schwinden → Betonverformungen infolge Volumenverringerung des Betonkörpers ohne Lasteinwirkung (Gegenteil → Quellen)

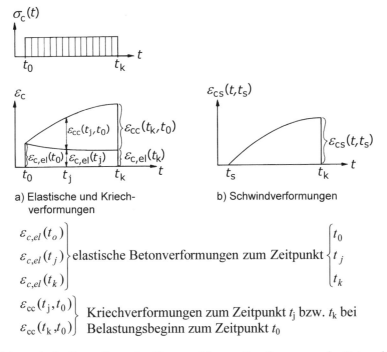

a) Elastische und Kriechverformungen

b) Schwindverformungen

$\left.\begin{array}{l}\varepsilon_{c,el}(t_o) \\ \varepsilon_{c,el}(t_j) \\ \varepsilon_{c,el}(t_k)\end{array}\right\}$ elastische Betonverformungen zum Zeitpunkt $\left\{\begin{array}{l}t_0 \\ t_j \\ t_k\end{array}\right.$

$\left.\begin{array}{l}\varepsilon_{cc}(t_j,t_0) \\ \varepsilon_{cc}(t_k,t_0)\end{array}\right\}$ Kriechverformungen zum Zeitpunkt t_j bzw. t_k bei Belastungsbeginn zum Zeitpunkt t_0

Bild 2: Schematische Darstellung der Kurz- und Langzeitverformungen des Betons bei konstanter Dauerspannung $\sigma_c(t_j) = \sigma_c(t_0)$

Bezüglich des Kriechens ist darauf zu verweisen, dass die nachfolgenden Darlegungen den linearen Kriechbereich betreffen, für den nichtlinearen Kriechbereich sind weitere Überlegungen erforderlich. Die beiden Kriechbereiche können wie folgt abgegrenzt werden:

- $|\sigma_c(t)| \leq 0{,}45 \cdot f_{ck}(t) \rightarrow$ linearer Kriechbereich
- $|\sigma_c(t)| > 0{,}45 \cdot f_{ck}(t) \rightarrow$ nichtlinearer Kriechbereich

Für den einachsigen Spannungszustand erhält man die Gesamtverformung des Betons $\varepsilon_c(t_k,t_0)$ zu einem beliebigen Zeitpunkt t infolge einer Belastung zum Zeitpunkt t_0 zu:

$$\varepsilon_c(t,t_0) = \varepsilon_{c,el}(t_0) + \varepsilon_{cc}(t,t_0) + \varepsilon_{cs}(t,t_s) \tag{6}$$

- Bei konstanter Dauerspannung $\sigma_c(t) = \sigma_c(t_0)$ (s. Bild 2) gilt

$$\varepsilon_c(t,t_0) = \sigma_c(t_0) \cdot J(t,t_0) + \varepsilon_{cs}(t,t_s) \tag{7}$$

mit $J(t,t_0) = \left(\dfrac{1}{E_c(t_0)} + \dfrac{\varphi(t,t_0)}{E_c(28)} \right)$; $E_c(28) = 1{,}05 \cdot E_{cm}$ (Tangentenmodul)

Zur Bestimmung der Kriechzahl wird nach [6] vom 28-Tage Elastizitätsmodul ausgegangen:

$$\varphi(t,t_0) = \dfrac{\varepsilon_{cc}(t,t_0)}{\sigma_c(t_0)/E_c(28)} \tag{8}$$

- infolge einer zeitlich veränderlichen Dauerspannung $\sigma_c(t_j) \neq \sigma_c(t_0)$ erhält man:

$$\varepsilon_c(t,t_0) = \sigma_c(t_0) \cdot J(t,t_0) + \int_{\tau=t_0}^{\tau=t} \dfrac{d\sigma_c(\tau)}{d\tau} J(t,\tau)d\tau + \varepsilon_{cs}(t,t_s) \tag{9}$$

In der Bemessungspraxis wird zur Bestimmung des Integrals in Gl. (9) auf eine numerische Lösung zurückgegriffen, s. z. B. [11].

Für einfache Berechnungen kann die Gesamtverformung des Betons $\varepsilon_c(t,t_0)$ auch auf der Grundlage des effektiven Elastizitätsmodul berechnet werden, s. Gl. (10).

$$\varepsilon_c(t,t_0) = \dfrac{\sigma_c(t)}{E_{c,eff}} + \varepsilon_{cs}(t,t_s) \tag{10}$$

mit

$$E_{c,eff} = \dfrac{E_c(28)}{\dfrac{1}{[\beta_{cc}(t_0)]^{0{,}3}} + \varphi(t,t_0)}; \quad \beta_{cc}(t_0) \rightarrow \text{s. Gl. (1)}$$

- Vorhersage der Kriechzahl

Die Kriechzahl kann aus folgender Beziehung ermittelt werden:

$$\varphi(t,t_0) = \varphi_0 \cdot \beta_c(t,t_0) \tag{11}$$

mit
φ_0 Endkriechzahl nach Gl. (B.2) in [6]
$\beta_c(t,t_0)$ Verlaufsfunktion nach Gl. (B.7) in [6]

- Vorhersage des Schwindmaßes

Die relativen Schwindverformungen $\varepsilon_{cs}(t,t_s)$ eines Betonbauteils werden aus der Summe der Verformungskomponenten Schrumpfen und Trocknungsschwinden gebildet und lassen sich mit den nachfolgenden Beziehungen berechnen.

$$\varepsilon_{cs}(t,t_s) = \varepsilon_{ca}(t) + \varepsilon_{cd}(t,t_s) \tag{12}$$

mit
$\varepsilon_{ca}(t)$ Autogene Schwindverformungen:
$\varepsilon_{cd}(t,t_s)$ Trocknungsschwinden

Es ist anzumerken, dass sich bei einer Berechnung nach EC 2 [6] ca. 30 % geringere Schwindverformungen als auf der Grundlage von Heft 525 des DAfStb [10] ergeben, einen Vergleich zeigt Bild 3.

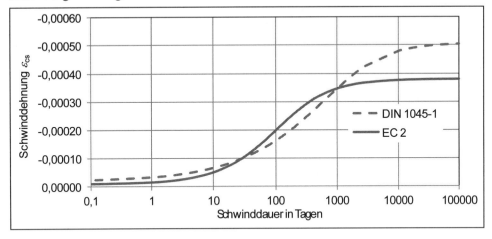

Bild 3: Vergleich der Kriech- und Schwindkennwerte nach DAfStb [10] und EC 2 [6]

Auf die Eigenschaften des Beton- und Spannstahls wird nicht weiter eingegangen, es sind die DIN 488-1 [3] und die entsprechenden bauaufsichtlichen Zulassungen zu beachten. Für den Einpressmörtel wird auf [1] und [2] verwiesen. Hüllrohre aus Bandstahl sind entsprechend [4] geregelt.

3 Vorspannkraft

3.1 Generelle Angaben zur Vorspannkraft

Für einen beliebigen Zeitpunkt t ($t_0 \leq t \leq t_\infty$) errechnet sich der Mittelwert der Vorspannkraft an einer beliebigen Stelle x aus den Beziehungen

- bei sofortigem Verbund:

$$P_{m,t}(x) = P_0 + \Delta P_c + \Delta P_t(t) + \Delta P_r \qquad (13)$$

- bei nachträglichem Verbund:

$$P_{m,t}(x) = P_0 + \Delta P_c + \Delta P_{sl} - \Delta P_\mu(x) + \Delta P_t(t) \qquad (14)$$

Es bedeuten:

$P_{m,t}(x)$ Mittelwert der Vorspannkraft zum Zeitpunkt t an der Stelle x

P_0 max. Vorspannkraft am Spannende unmittelbar nach dem Vorspannen

ΔP_c Verluste aus elastischer Verkürzung des Betons infolge der Vorspannung P_0 (P_0 wirkt als Druckkraft auf den Beton $\Rightarrow \Delta P_c < 0$)

ΔP_{sl} Spannkraftverlust infolge Verankerungsschlupf ($\Delta P_{sl} < 0$)

$\Delta P_\mu(x)$ Spannkraftverlust aus Reibung an der Stelle x

$\Delta P_t(t)$ zeitabhängige Spannungsumlagerungen infolge Kriechens und Schwindens des Betons sowie Spannstahlrelaxation bis zum Zeitpunkt t

ΔP_r Kurzzeitrelaxation

Übliche Zeitpunkte für die Bestimmung von $P_{m,t}$ sind (s. Bild 7):

- Zeitpunkt $t = t_0$ mit der Anfangsvorspannkraft P_{m0}
- Zeitpunkt $t = t_1$ mit der Vorspannkraft P_{m1} bei erstmaligem Auftreten der Höchstlast ($t_0 < t_1 < t_\infty$)
- Zeitpunkt $t = t_\infty$ mit der Endvorspannkraft $P_{m\infty} \rightarrow$ Vorspannkraft nach Eintreten aller Spannkraftverluste und –umlagerungen

Für die Nachweise in den GZT ergibt sich der Bemessungswert der Vorpannkraft zu $P_{d,t}(x) = \gamma_p \cdot P_{m,t}(x)$. Im GZG und beim Ermüdungsnachweis ist die Streuung der Vorspannkraft $P_{m,t}(x)$ durch die Beiwerte r_{inf} und r_{sup} zu berücksichtigen.

3.2 Grundwerte der Vorspannkraft

Der Höchstwert der Vorspannkraft P_0 im Spannstahl während des Spannvorgangs am aktiven Ende (Spannende) ergibt sich zu:

$$P_{0,\max} = A_p \cdot \sigma_{0,\max} \tag{15}$$

Hierin bedeuten:

A_p Querschnittfläche des Spannglieds

$\sigma_{0,\max} = \min(0{,}90 \cdot f_{p0,1k}\,;\,0{,}80 \cdot f_{pk})$

μ Reibungsbeiwert nach der allgemeinen bauaufsichtlichen Zulassung

       $\gamma = \theta + kx$ s. Erläuterungen zu Gl. (17)

κ Vorhaltemaß zur Sicherstellung einer ausreichenden Überspannreserve

     = 1,5   bei ungeschützter Lage des Spannstahl im Hüllrohr bis zu drei Wochen oder mit Maßnahmen zum Korrosionsschutz
     = 2,0   bei ungeschützter Lage über drei Wochen

Auf das Vorhaltemaß kann verzichtet werden, wenn entsprechende konstruktive Maßnahmen vorgesehen werden (z. B. Ersatzhüllrohre).

Entsprechend [7] gilt bei Vorspannung mit nachträglichem Verbund für $\sigma_{0,\max}$

$$\sigma_{0,\max} = \min\left(0{,}90 \cdot f_{p0,1k} \cdot e^{-\mu\gamma(\kappa-1)}\,;\,0{,}80 \cdot f_{pk} \cdot e^{-\mu\gamma(\kappa-1)}\right)$$

Nach [6] darf beim Überspannen die höchste zulässige Pressenkraft auf $P_{0,\max} = 0{,}95 f_{p0,1k} \cdot A_p$ gesteigert werden. Diese hohe Vorspannkraft ist nur zulässig, wenn die Genauigkeit der Spannpresse, bezogen auf den Endwert der Vorspannkraft ± 5 % beträgt.

Ergänzend zu den Regelungen in [6] und [7] sind die Regelungen in den bauaufsichtlichen Zulassungen zu beachten.

Der Höchstwert der unmittelbar nach Beendigung des Spannvorgangs (Zeitpunkt $t = t_0$) auf den Beton aufgebrachten Vorspannkraft ergibt sich zu:

$$N_{pm0,\max} = -P_{m0,\max} = -A_p \cdot \sigma_{pm0} \tag{16}$$

mit $\sigma_{pm0} = \min(0{,}85 \cdot f_{p0,1k}\,;\,0{,}75 \cdot f_{pk})$

3.3   Spannkraftverluste

3.3.1   Allgemeines

Die kurzzeitigen Spannkraftverluste während des Spannvorganges und beim Abnehmen der hydraulischen Spannpresse werden als "sofortige Spannkraftverluste" gewertet (Zeitpunkt t_0). Hierzu gehören Spannkraftverluste infolge:

- Reibung zwischen Spannglied und Hüllrohr
- Schlupf des Spanngliedes in der Verankerung

Die sofortigen Spannkraftverluste können teilweise durch ein begrenztes Überspannen des Spannglieds ausgeglichen werden.

3.3.2 Spannkraftverlust infolge Reibung

Beim Vorspannen gegen den erhärteten Beton (Spannglieder mit nachträglichem Verbund) tritt infolge Reibung der Spannkraftverlust $\Delta P_\mu(x)$ auf.

Grundlage zur Ermittlung des Reibungsverlustes bildet die Differentialgleichung der Seilreibung → Coulombsches Reibungsgesetz

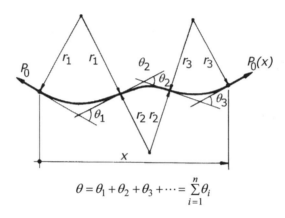

$$\theta = \theta_1 + \theta_2 + \theta_3 + \cdots = \sum_{i=1}^{n} \theta_i$$

Bild 4: Planmäßige Umlenkwinkel

Der Spannkraftverlust auf dem Spanngliedabschnitt x darf abgeschätzt werden mit:

$$\Delta P_\mu(x) = P_0 \left[1 - e^{-\mu(\theta + k \cdot x)}\right] = P_0 \left\{1 - \exp[-\mu(\theta + k \cdot x)]\right\} \quad (17)$$

Es bedeuten:

$\Delta P_\mu(x)$ Spannkraftverlust im Abstand x vom Spannende (Ansatzpunkt der Spannpresse)
P_0 durch die Spannpresse eingetragene Spannkraft
θ Summe der planmäßigen Umlenkwinkel über die Länge x (unabhängig von der Richtung und vom Vorzeichen) in rad, s. Bild 4
k auf die Längeneinheit bezogener ungewollter Umlenkwinkel in rad/m
μ Reibungsbeiwert

Die Kontrolle der Spannkraftverluste während des Spannens erfolgt durch Messung der Spannkraft (Manometer an der Spannpresse) und der zugehörigen Dehnungssumme des Spannstahls und des Betons (Spannweg).

Gemäß [7] sind die Reibungsbeiwerte μ den Spanngliedzulassungen zu entnehmen. Die im EC 2 [6] angegebenen Reibungsbeiwerte dürfen nach [7] nicht angewendet werden.

3.3.3 Spannkraftverlust aus Verankerungsschlupf (Keilschlupf)

Die planmäßig zu berücksichtigenden Werte des Keilschlupfes sind in den Zulassungsbescheiden für das Spannverfahren angegeben. Die Werte liegen zwischen 0,0 mm (maschinell verkeilte Festanker) und 6,0 mm (handverkeilte Endanker).

Bild 5: Berechnungsmodell zur Ermittlung des Spannkraftabfalls infolge Keilschlupfes

Der Keilschlupf (Bild 5) bewirkt einen Spannkraftabfall an der Spannstelle, der gesondert zu berechnen ist.

$$\frac{-|\Delta l_{sl}|}{l} = \varepsilon_{psl} = \frac{\sigma_{psl}}{E_p} = \frac{\Delta P_{sl}}{A_p \cdot E_p} \rightarrow \Delta P_{sl} = -\frac{|\Delta l_{sl}| \cdot A_p \cdot E_p}{l} \quad (18)$$

Es bedeuten:
ΔP_{sl} Spannkraftabfall infolge Keilschlupfes
Δl_{sl} Keilschlupf (Verkürzung)

Ausgehend von Gl. (18), kann die Länge des Nachlassweges ($l_{sl} = x_{BL}$, s. Bild 6) infolge des Verankerungsschlupfs mit Gl. (19) bestimmt werden.

$$l_{sl} = x_{BL} = \sqrt{\frac{|\Delta l_{sl}| \cdot A_p \cdot E_p}{P(l_{sl}) \cdot \mu \cdot \left(\frac{\theta}{L} + k\right)}} = \sqrt{\frac{|\Delta l_{sl}| \cdot L \cdot E_p}{\sigma_{pp}^{(0)}(l_{sl}) \cdot \mu \cdot (\theta + k \cdot L)}} \quad (19)$$

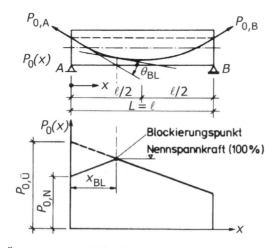

Bild 6: Einmaliges Überspannen und Nachlassen

3.4 Spannungsumlagerungen

Im Allgemeinfall erfolgt die Ermittlung von Kriech- und Schwindumlagerungen für die nachfolgend genannten Bedingungen.

- Annahme von zwei Dauerlasten mit unterschiedlichen Zeitpunkten der Lasteintragung t_{01} und t_{02}
- Als Betrachtungszeitpunkte für die Ermittlung der Spannungsumlagerungen gelten:
  $t_1 \rightarrow$ Zeitpunkt des erstmaligen Auftretens der Höchstlast ("minimale Kriech- und Schwindumlagerung")
  $t_2 \rightarrow$ Endzeitpunkt des Wirkens der Dauerlast ("maximale Kriech- und Schwindumlagerung")

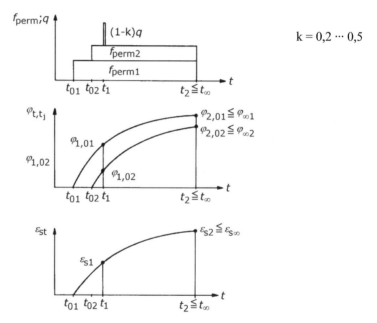

Bild 7: *Schematische Darstellung der Kriech- und Schwindverformungen bei zwei Dauerlasten*

Nach [6] können die Spannkraftverluste nach Gl. (20) bestimmt werden, hierbei wird von einer maßgebenden Dauerspannung $\sigma_{cp,QP}$ ausgegangen.

$$\Delta\sigma_{p,csr} = \frac{\dfrac{E_p}{E_c}\varphi(t,t_0)\sigma_{c,QP} + \varepsilon_{cs}(t,t_0)E_p + 0{,}8\Delta\sigma_{pr}}{1+\dfrac{E_p}{E_c}\dfrac{A_p}{A_c}\left(1+\dfrac{A_c}{I_c}z_{cp}^2\right)\left[1+0{,}8\,\varphi(t,t_0)\right]} \quad (20)$$

Es ist darauf hinzuweisen, dass der Ausdruck [1+0,8φ(t,t$_0$)] in Gl. (20) i. Allg. für Bauteile gilt, die zum Zeitpunkt des Vorspannens ein Mindestalter von mehr als

7 Tagen aufweisen. Der mit 0,8 angegebene Alterungsbeiwert χ liegt i. Allg. im Bereich von $\chi = 0,5...0,8...0,9$. Der zeitliche Verlauf des Alterungsbeiwertes χ in Abhängigkeit vom Zeitpunkt der Belastung ist in Bild 8 beispielhaft dargestellt.
Für den Fall zweier Dauerlasten (Bild 7) kann Gl. (20) sinngemäß ergänzt werden:

$$\Delta\sigma_{p,csr} = \frac{\dfrac{E_p}{E_c}\varphi(t,t_{01})(\sigma_{cp0}+\sigma_{cp,g1})+\varepsilon_{cs}(t,t_{01})\,E_p+0,8\Delta\sigma_{pr}}{1+\dfrac{E_p}{E_c}\dfrac{A_p}{A_c}\left(1+\dfrac{A_c}{I_c}z_{cp}^2\right)[1+\chi\,\varphi(t,t_{01})]}$$
$$+\frac{\dfrac{E_p}{E_c}\varphi(t,t_{02})\sigma_{cp,g2}}{1+\dfrac{E_p}{E_c}\dfrac{A_p}{A_c}\left(1+\dfrac{A_c}{I_c}z_{cp}^2\right)[1+\chi\,\varphi(t,t_{02})]}$$

(20a)

In Gl. (20) und Gl. (20a) bedeuten:

$\Delta\sigma_{pr}$ Spannungsänderung in den Spanngliedern an der Stelle x infolge Relaxation.

$\sigma_{cp,QP}$ Betonspannung in Höhe der Spannglieder infolge Eigenlast, der Vorspannung (Ausgangswert) und anderen ständigen Einwirkungen (mit Vorzeichen!)

$\sigma_{cp,gi}$ Betonspannung in Höhe der Spannglieder aus Eigenlast und anderen ständigen Einwirkungen (mit Vorzeichen!), in Abhängigkeit vom Zeitpunkt der Lasteintragung t_i

σ_{cp0} Anfangswert der Betonspannung in Höhe der Spannglieder infolge Vorspannung (Ausgangswert mit Vorzeichen!)

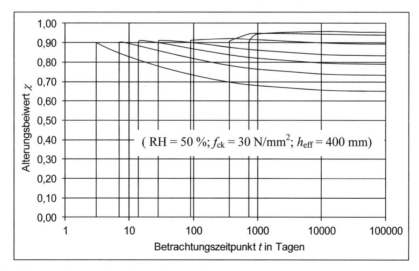

Bild 8: *Zeitliche Entwicklung des Alterungsbeiwertes χ*

4 Grenzzustand der Tragfähigkeit

4.1 Biegebemessung

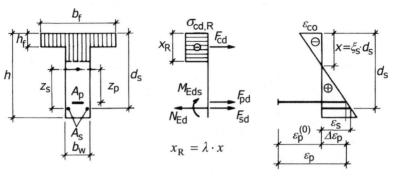

Bild 9: Bemessungsmodell des einfach bewehrten Rechteckquerschnittes

Gemäß Bild 9 ergeben sich für die Biegebemessung folgende Zusammenhänge:

$$M_{Eds} = \left| M_{Ed,F} + \overline{M}_p \right| - N_{Ed} \cdot z_s - N_{Edp} \cdot (z_s - z_p) \tag{21}$$

mit $\overline{M}_p$ statisch unbestimmter Momentenanteil der Vorspannung; $N_{Edp} = f_{pd} A_p$

$$\mu_{Eds} = \frac{M_{Eds}}{f_{cd} \cdot b \cdot d_s^2} \tag{22}$$

für $\mu_{Eds} \leq \mu_{Eds,f} = \eta \cdot \dfrac{h_f}{d_s}\left(1 - \dfrac{h_f}{2 \cdot d_s}\right)$ gilt

$$\xi_R = 1 - \sqrt{1 - 2\frac{\mu_{Edp}}{\eta}} \; ; \qquad \omega = \eta \cdot \xi_R$$

für $\mu_{Eds} > \mu_{Eds,f} = \eta \cdot \dfrac{h_f}{d_s}\left(1 - \dfrac{h_f}{2 \cdot d_s}\right)$ gilt

$$\mu_{Eds,w} = \frac{1}{b_w/b_f}\left[\mu_{Eds} - \eta \cdot \frac{h_f}{d_s}\left(1 - 0{,}5 \cdot \frac{h_f}{d_s}\right)\left(1 - \frac{b_w}{b_f}\right)\right]$$

$$\xi_R = 1 - \sqrt{1 - 2\frac{\mu_{Eds,w}}{\eta}} \; ; \qquad \omega = \eta\left[\frac{h_f}{d_s}\left(1 - \frac{b_w}{b_f}\right) + \frac{b_w}{b_f}\cdot \xi_R\right]$$

$$A_s = \frac{1}{\sigma_{sd}}(\omega \cdot b \cdot d_s \cdot f_{cd} + N_{Ed}) - A_p \frac{\sigma_{pd}}{\sigma_{sd}} \tag{23}$$

mit $\sigma_{pd} = \left(\varepsilon_p^{(0)} + \Delta\varepsilon_p\right)E_p \leq f_{p0,1k}/\gamma_s$

4.2 Querkraftnachweis

4.2.1 Grundsätzliches

Für den Nachweise der Querkrafttragfähigkeit gilt:

$$V_{Ed} \leq V_{Rd} \tag{24}$$

Es bedeuten:
V_{Ed} Bemessungswerte der einwirkenden Querkraft
V_{Rd} Bemessungswerte der Bauteilwiderstände gegen Querkraft

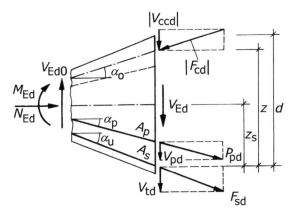

Bild 10: *Querkraftkomponenten bei veränderlicher Bauteilhöhe und geneigter Spanngliedachse*

Der Bemessungswert der einwirkenden Querkraft V_{Ed} ist unter Berücksichtigung einer ggf. vorhandenen geneigten Spanngliedführung sowie einer ggf. vorhandenen veränderlichen Querschnitthöhe zu bestimmen (s. Bild 10). Er entspricht dem unter Berücksichtigung der Komponenten der Druck- und Zugresultierenden des Querschnitts rechtwinklig zur Bauteilachse ermittelten Wert (Berücksichtigung der Komponenten bei Erhöhung der Stegbeanspruchung unbedingt erforderlich, bei Reduzierung der Stegbeanspruchung möglich), s. Gl. (25).

$$V_{Ed} = V_{Ed0} - |V_{ccd}| - V_{td} - V_{pd} \tag{25}$$

Es bedeuten:

V_{Ed} Bemessungswert der einwirkenden Querkraft

V_{Ed0} Grundbemessungswert der einwirkenden Querkraft im Querschnitt infolge äußerer Last

V_{ccd} Bemessungswert der Querkraftkomponente aus der Betondruckkraft parallel zu V_{Ed0} (positiv bei gleicher Richtung wie V_{Ed0}; s. Bild 10)

V_{td} Bemessungswert der Querkraftkomponente aus der Stahlzugkraft parallel zu V_{Ed0} (positiv bei gleicher Richtung wie V_{Ed0}; s. Bild 10)

V_{pd} Querkraftkomponente infolge eines geneigten Spanngliedes Stahlzugkraft parallel zu V_{Ed0} (positiv bei gleicher Richtung wie V_{Ed0}; s. Bild 10)

Weitere Erläuterungen → s. Bild 10.

Die Querkraftkomponente infolge eines geneigten Spanngliedes erhält man aus

$$V_{pd} = F_{pd} \cdot \sin\alpha_p \quad \text{mit } F_{pd} \leq A_p \cdot f_{p0,1k}/\gamma_s \tag{26}$$

Es bedeuten:

F_{pd} Spanngliedkraft zum Betrachtungszeitpunkt

α_p Neigungswinkel des Spannglieds gegenüber der Bauteilachse

Die Bemessungswerte der aufnehmbaren Querkraftanteile werden am Modell des Strebenfachwerkes abgeleitet.

4.2.2 Hinweise zur Nachrechnung von Bestandsbauwerken

Für Bestandsbauwerke, insbesondere solchen die auf der Grundlage der der DIN 4227-1 [9] bemessen wurden, führt der Querquerkraftnachweis gemäß EC 2 [6] in der Regel nicht zum Erfolg. Dies ist im Wesentlichen darauf zurück zu führen, dass seinerzeit davon ausgegangen wurde, dass die Querschnitte im Bereich der Querkraftbeanspruchung im Zustand I (ungerissen) verbleiben. Für diese Fälle werden in der 1. Ergänzung der Nachrechnungsrichtline [14] Hinweise zur ergänzenden Nachweisführung gegeben. Demnach kann der Nachweis der Querkraftaufnahme in Anlehnung an Gl. (6.4) in [6] auf der Grundlage eines Hauptspannungsnachweises gemäß Gl. (27) erfolgen

$$\sigma_{I,Ed,i} \leq k_1 \cdot f_{ctd} \tag{27}$$

In Gl. (27) bedeuten:

$$\sigma_{I,Ed,i} = 0{,}5 \cdot \sigma_{cx,Ed,i} + \sqrt{0{,}25 \cdot \sigma_{cx,Ed,i}^2 + \left(\tau_{V,Ed,i} + \tau_{T,Ed}\right)^2}$$

$$\sigma_{cx,Ed,i} = \frac{N_{Ed}}{A_c} + \frac{M_{Ed}}{I_y} \cdot z_i; \quad \tau_{V,Ed,i} = \frac{V_{Ed} \cdot S_{y,i}}{I_y \cdot b_{w,i}}; \quad \tau_{T,Ed} = \frac{T_{Ed}}{W_T}$$

k_1 Beiwert zur Berücksichtigung des vorhandenen Querkraftbewehrungsgrades

Weitere Erläuterungen s. [14].

Die in [14] angegebenen Randbedingungen sind zwingend einzuhalten. So ist beispielsweise der Einfluss der Steifigkeitsverteilung, über die Bauteillänge, auf den Abbau von Zwangsschnittgrößen zu berücksichtigen. Darüber hinaus ist ein Ermüdungsnachweis für die Aufnahme der Querkraftbeanspruchung erforderlich.

5 Gebrauchstauglichkeitsnachweise

5.1 Spannungsnachweise

Unter Gebrauchslasten können hohe Betondruckspannungen zur Bildung von Längsrissen im Bereich der Betondruckzone, von Mikrorissen im Beton und zu erhöhten Kriechverformungen führen. Aus diesem Grund sind für das dauerhafte und einwandfreie Verhalten eines Bauteils die Betondruckspannungen zu begrenzen.

Die Stahlspannungen sind so zu begrenzen, dass nichtelastische Dehnungen im Stahl verhindert werden.

Zur Spannungsberechnung sollte vom Zustand II ausgegangen werden, wenn unter der seltenen Beanspruchungskombination die im Zustand I berechneten Zugspannungen den Mittelwert der zulässigen Zugspannung (f_{ctm}) überschreiten (Besonderheiten im Brückenbau beachten!).

- **Betonspannungen**

In Bauteilen, die den Bedingungen der Expositionsklassen XD, XF und XS ausgesetzt sind und in denen keine anderen Maßnahmen getroffen werden, ist zur Vermeidung von Längsrissen die Betondruckspannung unter der seltenen Einwirkungskombination auf

$$|\sigma_c| = 0{,}60 \cdot f_{ck} \tag{28}$$

zu begrenzen.

Zur Vermeidung überproportionaler Kriechverformungen dürfen die Betondruckspannungen höchstens den Wert nach Gl. (29) annehmen.

$$|\sigma_c| = 0{,}45 \cdot f_{ck}(t) \tag{29}$$

$f_{ck}(t)$ Charakteristischer Wert der Betondruckfestigkeit zum Zeitpunkt der Eintragung der Vorspannung

Im Bereich von Verankerungen und Auflagern sind die vorgenannten Nachweise i. Allg. nicht erforderlich.

- **Stahlspannungen**

Die Zugspannungen in der Betonstahlbewehrung sind i. Allg. unter der seltenen Einwirkungskombination auf

$$\sigma_s = 0{,}8 \cdot f_{yk} \tag{30}$$

zu begrenzen.

Die Zugspannungen im Spannstahl, berechnet mit dem Mittelwert der Vorspannung unter der quasi-ständigen Einwirkungskombination, dürfen nach Abzug der Spannkraftverluste höchstens den Wert

$$\sigma_p = 0{,}65 \cdot f_{pk} \tag{31}$$

annehmen.

Unter der seltenen Einwirkungskombination sind für alle Zeitpunkte folgende Bedingungen einzuhalten:

$$\sigma_p \leq 0{,}90 \cdot f_{p0{,}1k} \quad \text{und} \quad \sigma_p \leq 0{,}80 \cdot f_{pk} \tag{32}$$

5.2 Rissbreitennachweise

Die zulässigen Rissbreiten gemäß [7] können Tabelle 3 entnommen werden, bezüglich des Brückenbaus wird auf [8] verwiesen.

Tabelle 3: Rechenwerte für w_{max} in mm – Hochbau

Expositions-klasse	Stahlbeton und Vorspannung ohne Verbund	Vorspannung mit nachträglichem Verbund	Vorspannung mit sofortigem Verbund	
	Mit der Einwirkungskombination			
	quasi-ständig	häufig	häufig	selten
X0, XC1	0,4[a]	0,2	0,2	–
XC2 – XC4	0,3	0,2[b,c]	0,2[b]	0,2
XS1 – XS3			Dekom-pression	
XD1, XD2, XD3[d]				

Bei den Expositionsklassen X0 und X1 hat die Rissbreite keinen Einfluss auf die Dauerhaftigkeit, der Grenzwert wird zur Wahrung eines akzeptablen Erscheinungsbildes angesetzt. Fehlen entsprechende Anforderungen, kann der Grenzwert erhöht werden.
Zusätzlich ist der Nachweis der Dekompression unter der quasi-ständigen Einwirkungskombination zu führen.
Wenn der Korrosionsschutz anderweitig sichergestellt ist, darf der Dekompressionsnachweis entfallen – s. Zulassungen.
Beachte DIN 1992-1-1, Abschnitt 7.3.1 (7)

Der Einfluss des unterschiedlichen Verbundverhaltens auf die Betonstahlspannung ist bei Bauteilen mit im Verbund liegenden Spanngliedern gemäß Gl. (33) zu berücksichtigen [7].

$$\sigma_s = \sigma_s^{II} + 0{,}4 f_{ct}\left(\frac{1}{\rho_{eff}} - \frac{1}{\rho_{tot}}\right) \quad (33)$$

In Gl. (33) bedeuten:

σ_s^{II} Betonstahlspannung im Zustand II

$$\rho_{eff} = \frac{A_s + \xi_1^2 \cdot A_p}{A_{c,eff}} \qquad \rho_{tot} = \frac{A_s + A_p}{A_{c,eff}}$$

$A_{c,eff}$ Betonfläche im Wirkungsbereich der Bewehrung nach [6], Bild 7.1

5.3 Nachweis der Bauteilverformung

Gemäß [6] kann davon ausgegangen werden, dass das Erscheinungsbild und die Gebrauchstauglichkeit eines Tragwerks nicht beeinträchtigt wird, wenn der Durchhang (s. Bild 11) eines Bauteils unter quasi-ständigen Einwirkungskombinationen 1/250 der Stützweite nicht überschreitet (bei Kragbalken ist für die Stützweite die 2,5-fache Kraglänge anzusetzen [7]).

In Fällen, in denen der Durchhang weder die Gebrauchstauglichkeit beeinträchtigt noch besondere Anforderungen an das Erscheinungsbild gestellt werden, darf dieser Wert erhöht werden.

Schäden an angrenzenden Bauteilen, z. B. an leichten Trennwänden, können auftreten, wenn die nach dem Einbau dieser Bauteile auftretenden Durchbiegungen (s. Bild 11) einschließlich der zeitabhängigen Verformungen übermäßig groß sind. Als Richtwert für die Begrenzung darf 1/500 der Stützweite angenommen werden.

Diese Grenze darf heraufgesetzt werden, wenn das Bauteil, das Schaden nehmen kann, so bemessen ist, dass größere Durchbiegungen verträglich sind, oder wenn es in der Lage ist, größere Durchbiegungen ohne Schaden aufzunehmen.

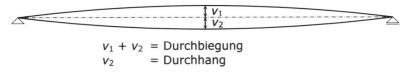

$v_1 + v_2$ = Durchbiegung
v_2 = Durchhang

Bild 11: Unterschied zwischen dem Durchhang und der Durchbiegung eines Bauteils

Bezüglich der Nachweisführung wird auf [11] und [12] verwiesen, hier wird auch eine Näherungsansatz für Spannbetonbauteile angegeben.

Literatur

[1] EN 445: Einpressmörtel für Spannglieder, Prüfverfahren; Deutsche Fassung, Ausgabe 07.96.

[2] EN 447: Einpressmörtel für Spannglieder, Anforderungen für übliche Einpressmörtel; Deutsche Fassung, Ausgabe 07.96.

[3] DIN 488-1: Betonstahl – Teil 1: Betonstahlsorten, Eigenschaften, Kennzeichnung; Ausgabe 08/09.

[4] EN 523: Hüllrohre aus Bandstahl für Spannglieder; Begriffe, Anforderungen, Güteüberwachung; Deutsche Fassung, Ausgabe 07.97.

[5] DIN 1045-1: Tragwerke aus Beton, Stahlbeton und Spannbeton, Teil 1: Bemessung und Konstruktion; Ausgabe 08.08.

[6] DIN EN 1992-1-1: Eurocode 2: Bemessung und Konstruktion von Stahlbeton- und Spannbetontragwerken, Teil 1-1: Allgemeine Bemessungsregeln und Regeln für den Hochbau; Deutsche Fassung EN 1991-1-1: 2004 + AC: 2010; Ausgabe 01.11.

[7] DIN EN 1992-1-1/NA: Nationaler Anhang – National festgelegte Parameter – Eurocode 2: Bemessung und Konstruktion von Stahlbeton- und Spannbetontragwerken, Teil 1-1: Allgemeine Bemessungsregeln und Regeln für den Hochbau; Ausgabe 01.11.

[8] DIN EN 1992-2/NA: Nationaler Anhang – National festgelegte Parameter – Eurocode 2: Bemessung und Konstruktion von Stahlbeton- und Spannbetontragwerken, Teil 2: Betonbrücken – Bemessungs- und Konstruktionsregeln; Ausgabe 11.11.

[9] DIN 4227-1: Spannbeton, Teil 1: Bauteile aus Normalbeton mit beschränkter oder voller Vorspannung; Ausgabe 07.88.

[10] Erläuterungen zu DIN 1045-1. 1. Auflage 2003, DAfStb-Heft 525.

[11] Krüger, W.; Mertzsch, O.: Spannbetonbau-Praxis nach Eurocode 2 – 3. Auflage Beuth Verlag, Berlin 2012.

[12] Mertzsch, O.: Durchbiegungsnachweis nach Eurocode 2. In: Holschemacher, K. (Hrsg): Neue Normen und Werkstoffe im Betonbau. Beuth Verlag, Berlin 2013.

[13] Structural Concrete, Textbook on Behaviour, Design and Performance, Updated Knowledge of the CEB/FIP Model Code 1990, Volume 1, fib-bulletin 1, 1999.

[14] Richtlinie zur Nachrechnung von Straßenbrücken im Bestand (Nachrechnungs-richtlinie), Entwurf zur 1. Ergänzung; Stand 12/2014.

Eurocode-Praxis: Wind- und Schneelasten nach EC1

Undine Klein

1 Einführung

Unter Klimalasten versteht der Eurocode 1 die Windlasten, die Schneelasten und die „Atmospheric icing" (Vereisungslasten).

1.1 Stand der Normung und der Einführung von Technischen Baubestimmungen zu den Klimalasten

Mit Stichtag 01.07.2012 wurden durch Mustererlass der ARGEBAU und überwiegend zeitgleich mit länderspezifischen Einführungserlassen u.a. die Teile 1-3 (Schneelasten) und 1-4 (Windlasten) und weitere Teile des Eurocode 1 (DIN EN 1991) mit den zugehörigen Nationalen Anhängen (NA) und den national festzulegenden Parametern (NDP) sowie den NCI (national non-contradictory complementary information) darin als Technische Baubestimmung (TB) bauaufsichtlich eingeführt. Eine solche Einführung erfolgt auf der Grundlage von §3 Abs. 3 MBO bzw. LBO und hat damit empfehlenden Charakter. Eine Anerkennung als TB bezeichnet ausschließlich die bauaufsichtliche Anerkennung der Berechnungs- und Bemessungsverfahren.

Für die Lasten aus Vereisung wurde bisher kein europäisches Dokument fertiggestellt.

Die mit der Stichtagsregelung ebenfalls bauaufsichtlich eingeführten Nationalen Anhänge (NA) und national ergänzenden aber europäisch nicht widersprechenden Informationen (NCI) stellen in Umsetzung des Mandates der europäischen Kommission an das CEN zur Normenerarbeitung und –einführung eine Sanktionen erlaubende Ermächtigung für die Durchsetzung des deutschen Sicherheits- und Qualitätsstandards dar. An ihrer Weiterentwicklung und letztendlichen Überführung in den EC 1 wird im Spiegelausschuss am deutschen DIN zum TC 2050/SC1 des CEN fortgesetzt gearbeitet.

Vom Deutschen Institut für Bautechnik werden für die ARGEBAU der Länder die Mustererlasse zur bauaufsichtlichen Einführung in den Ländern vorbereitet und veröffentlicht. Der aktuelle Stand der bauaufsichtlich eingeführten Technischen Baubestimmungen (TB) im aktuellen Mustererlass findet sich unter folgendem Link:

Dipl.-Ing. MM Undine Klein, IBK Halle, Halle (Saale)

https://www.dibt.de/de/Service/Dokumente-Listen-TBB.html

Die bisher gültigen TB zu den Klimalasten – die DIN 1055-4 (03.2005) für Wind und DIN 1055-5 (07.2005) für Schnee und Eis– sind die nationalen historischen Normen-Vorgänger und somit ersetzt worden. (Nur für Bayern existierte bis Ende 2013 eine Übergangsregelung zur Verwendung beider Normenwerke.) Zeitgleich ist auch DIN 1055-100 als nationale Grundlagennorm für die Tragwerksplanung durch den Eurocode 0 (DIN EN 1990) ohne Übergangsregelung ersetzt worden.

1.2 Anwendungsbereiche

Die *Technischen Baubestimmungen* – also auch die hier angesprochenen Teile des Eurocode 1 - gelten für Gesamttragwerke des Neubaus und des Bestandes. Allerdings besteht die erleichternde Anforderung, dass Teiltragwerke innerhalb des Gesamttragwerkes in sich schlüssig und bis zur Schnittstelle am Gesamttragwerk entweder nach Eurocode oder nach nationaler Norm bemessen werden und die Schnittgrößen und Verformungen „am Übergang vom Teiltragwerk zum Gesamttragwerk entsprechend der jeweiligen Norm berücksichtigt wurden" [1], [2]. Gleiches gilt auch für Typenprüfungen und allgemeine bauaufsichtliche Zulassungen.

Entsprechend sind die von Änderungen betroffenen Bestandsbauteile standsicherheitstechnisch nach Bestandsnorm zu überprüfen, um sie dann bei einer möglichen Überlastung nochmals nach Eurocode nachzuweisen bzw. zu verstärken.

Die *Euronormen* für die Klimalasten Wind und Schnee gelten für Gebäude und für ingenieurtechnische Bauwerke – also für bauliche Anlagen ohne besondere Zuverlässigkeitsanforderungen und für übliche Anwendungen in bewährten Bauweisen. Sie gelten nicht für ungewöhnliche Konstruktionen oder Sonderlösungen. Sie beinhalten Abgrenzungskriterien gegen Sonderkonstruktionen, die beachtet werden müssen, und verweisen diesbezüglich auf mit geltende Normenwerke.

Die einzelnen Teile des Eurocode 1 (DIN EN 1991) gelten nur im Zusammenhang mit allen anderen Teilen und mit DIN EN 1990 und DIN EN 1992 bis DIN EN 1999. Es werden Abschnitte und Unterpunkte der Euronorm für national festzulegende Parameter geöffnet.

DIN EN 1991-1-3:2010-12 und DIN EN 1991-1-3/NA:2010-12 gelten für die „Ermittlung der Schneelasten zur Berechnung und Bemessung von Hoch- und Ingenieurbauten" [6] bis zur topografischen Höhe von 1500 m. Für die Anhänge A, B, D und E werden nationale Öffnungen gestattet, die Informationen zu Bemessungssituationen, Lastanordnungen, Formbeiwerte für Schneeverwehungen, Anpassung der Schneelasten auf dem Boden und Abgrenzungsregeln enthalten. Anhang C benennt charakteristische Werte von Schnee auf dem Boden für die nationalen Schneekarten.

DIN EN 1991-1-4:2010-12 und DIN EN 1991-1-4/NA:2010-12 gelten für die „Ermittlung der natürlichen Windlasten auf die betrachteten Lasteinzugsflächen zur (Berechnung und) Bemessung von Gebäuden und ingenieurtechnischen Anlagen" [8] an Land mit einer Höhe bis 200 m. Sie gelten für Brücken bis zur Spannweite von 40 m oder auch 200 m, wenn sie die Abgrenzungskriterien erfüllen und deshalb die Berechnung einer dynamischen Systemantwort nicht erforderlich ist. Im Anhang A werden auch hier nationale Öffnungen gestattet, die Regeln und Informationen zu Geländekategorien und Topografieeffekten (Komplexität des Geländes) enthalten. Die informativen Anhänge B, C und D enthalten für den Strukturbeiwert zum einen Verfahren zur Berechnung und zum anderen Angaben für diverse Bauwerkstypen. Anhang E enthält Abschätzungen zu aeroelastischen Effekten und Anhang F zum dynamischen Bauwerksverhalten mit linearen Eigenschaften. Abgegrenzt wird der Anwendungsbereich der Norm von Schwingungs- und Torsionsschwingungseinflüsse auf Brücken und Gebäude oder auf deren einzelne Bauteile und von Schwingungen, die über deren Grundform hinausgehende Untersuchungen erfordern.

1.3 Aktuelle Entwicklung in der europäischen Normungsarbeit

Derzeit werden die einzelnen Teile des EC 1 auftragsgemäß bereits wieder bearbeitet. Ziel ist die Vereinheitlichung der Norm mit Wegfall bzw. starker Reduktion der nationalen Anhänge. Die Schwerpunkte liegen weiterhin auf der Regelung außergewöhnlicher Schneelasten, auf der Formulierung grenzübergreifender Schneelastzonen, auf Regelungen für Schneelasten auf großen Dächern, auf Schneeumlagerungen (Höhensprünge an Dächern). Für die Windlasten werden grenzübergreifende Windzonen, neue Windmodelle, ergänzende Windlastannahmen für Türme (WEA), Masten und Brücken diskutiert. Auch die wirbelerregten Schwingungen stehen auf der Agenda. Die Überarbeitung wird von den Ingenieurverbänden VBI und BVPI für eine allgemeine Praxisinitiative Normung am Bau (PRB) begleitet, um Vereinfachungen aber auch qualitativ neue Elemente in die Normungsarbeit einzubringen. Verantwortlich für die Überarbeitung ist CEN/TC 250/SC 1/WG 1 „Climatic actions".

2 Datenausgangslage und Sicherheitskonzept

2.1 Stochastische Effekte bei Klimalasten

2.1.1 Datengrundlage

Die Datenerfassung der Klimalasten Wind und Schnee werden in fünf Zentren des Deutschen Wetterdienst (DWD) – in Essen, Stuttgart, Leipzig, Hamburg und der Zentrale in Offenbach- gesammelt und ausgewertet.

Die Anzahl der Orte der Datenerfassung, ihre geografischen Koordinaten und topografische Verteilung, die gewonnene zeitlich erfasste Datenmenge und die Streuung der charakteristischen Lastwerte bei den klimatischen Lasten haben wesentlichen Einfluss auf die Qualität der Datengrundlage.

Schnee:

Die regional unterschiedlich lange Liegedauer und mit der Liegedauer zunehmende Verdichtung von Schnee findet derzeit nur bedingt und über die Technischen Baubestimmungen regional begrenzt Eingang in die nationalen Regelungen. Augenmerk auf die länderspezifischen Einführungserlasse zu den TB ist hier angebracht.

Inwieweit die Zulässigkeit der Verallgemeinerung über die im Nationalen Anhang veröffentlichten Tabellen mit Landkreisgrenzen zur deutschen Schneelastkarte führen darf, ist künftig von der noch abzusichernden ständigen Aktualisierung dieser Tabellen und von deren Abgleich über Mittelwertbildung zu den Nachbarlandkreisen in Deutschland und zu den europäischen Nachbarländern abhängig.

Wind:

Die Besonderheiten des örtlichen Geländeprofils und die Qualität der Datenerhebung spielen auch hier eine wesentliche Rolle.

Für die Erfassung der Häufigkeit von Windereignissen werden vom DWD Zeitcluster von 5 bis 6 Jahren gebildet, in denen die Böenhäufigkeiten (Turbulenzen) über jeweils 3 Tage als Singularitäten heraus gefiltert werden. So wurden z.B. in den Clustern von 1990 bis 2005 im Raum Leipzig-Halle ca. 20 bis 25 Windereignisse mehr als in den Clustern der Vorjahre beobachtet.

2.1.2 Statistische Auswertung –

Beim Ansatz von Klimalasten wurde auf Lebensdauerzyklen und 50-Jahre-Ereignisse orientiert. Die zugrunde liegende Schneelast auf dem Boden wird als jährliche Wahrscheinlichkeit des Überschreitens mit 0,02 – ausgenommen außergewöhnliche Schneelasten – angenommen. Die Basisgeschwindigkeit als mittlere 10-minütige Windgeschwindigkeit bezieht sich auf 2% Auftretenswahrscheinlichkeit im Jahr unabhängig von der Windrichtung in einer Höhe von 10 m über offenem flachem Gelände.

2.2 Konzeptionelle Gesichtspunkte

2.2.1 Wechselbeziehung mit anderen Einwirkungen

Natürlich bestehen Korrelationen der Klimalasten mit anderen Einwirkungen. Bekannt ist aber auch die gegenseitige Beeinflussung z.B. Eis oder Schnee mit Wind: Windeinwirkungen können die Schneehöhe auf dem Dach mindern, Vereisungen oder verdichtete Schneeanhäufungen über mehrere Frost-Tau-Wechsel hinweg können die Windangriffsfläche vergrößern. Wind kann auch mit anderen Lasten, wie z.B. Seegang, korrelieren. Eis- und Wassersäcke aus Frost-Tau-Wechseln können zum unerwünschten Aufaddieren von Durchbiegungen führen.

2.2.2 Clustern von Lastkollektiven

Im Gegensatz zur rein statischen Schneelast ist der Wind dynamisch und unterliegt zudem zyklischen (jahreszeitlichen) Lastwechseln. Für speziell winderregbare Bauwerke betragen die Häufigkeiten der Lastwechsel bis 10^9 (hochdynamisch). Für Ermüdungsfestigkeitsuntersuchungen müssen die Massen der Bauteile genau ermittelt und berücksichtigt werden [13]. Das Clustern von Lastkollektiven ermöglicht die nichtlineare Strukturanalyse am Tragwerk und die Untersuchung von mehrachsial korrelierender Beanspruchung (z.B. Wind mit oder ohne Eisansatz bei Windkraftanlagen).

Ausdifferenzierte Regelungen finden sich in normativen Dokumenten zu Sonderkonstruktionen, beispielsweise in der DIBt-Richtlinie für Windkraftanlagen in der Fassung 2012-10. Hier werden Windlasterhöhungen bei Eisansatz durch Flächenvergrößerung unter Punkt 7.3.5 und bei Wirbelablösungen unter Punkt 7.3.6 vorgeschlagen.

2.3 Sicherheitskonzept und Versagenswahrscheinlichkeit

In DIN EN 1990:2010-12 [3] werden bauartübergreifend die Grundlagen der Tragwerksplanung beschrieben und Hinweise zur Tragwerkssicherheit gegeben. Diese Norm ist kompatibel mit den weiteren Normen des semiprobabilistischen Sicherheitskonzeptes.

Sicherheitskonzept der derzeitigen Normung:

Die meisten Teilsicherheitsbeiwerte sowie Kombinationsbeiwerte sind durch Kalibrierung an der bisherigen Erfahrung oder durch statistische Auswertung von Versuchsergebnissen oder Messungen entstanden. Die Festlegung der Teilsicherheitsbeiwerte durch statistische Auswertung von Versuchsergebnissen oder Messungen ist im Rahmen probabilistischer Vorgehensweisen erforderlich. Diese Teilsicherheitsbeiwerte wurden aus der Zielgröße des Zuverlässigkeitsindexes β berechnet. In Tabelle 1 werden die Zielwerte für den Zuverlässigkeitsindex β für verschiedene Bemessungssituationen und für die Bezugszeiträume 1 Jahr und 50 Jahre angegeben.

Tabelle 1: Zielwert des Zuverlässigkeitsindex β für Bauteile

Grenzzustand	Zielwert des Zuverlässigkeitsindex	
	1 Jahr	50 Jahre
Tragfähigkeit	4,7	3,8
Ermüdung		1,5 bis 3,8 [a]
Gebrauchstauglichkeit	3,0	1,5

[a] Abhängig von der Prüfbarkeit, Instandsetzbarkeit und Schadenstoleranz

Nach Zuverlässigkeitstheorie sind die Teilsicherheitsbeiwerte von folgenden Parametern abhängig:
- dem erforderlichen Sicherheitsindex β
- dem Typ der Verteilungsfunktion der Basisvariable X_i
- dem charakteristischen Wert $x_{k,i}$
- dem Wichtungsfaktor α_i

Während die ersten drei Abhängigkeiten für die jeweilige Basisvariable X_i angegeben werden können, ist der Wichtungsfaktor α_i auch von statistischen Werten aller übrigen Basisvariablen abhängig. Die α_i können deshalb nur mit Hilfe der Zuverlässigkeitstheorie I. Ordnung ermittelt werden. Um die Teilsicherheitsbeiwerte zu bestimmen, wurden die Wichtungsfaktoren in meisten Fällen abgeschätzt, damit die Nachweisform nach Zuverlässigkeitstheorie vermieden wird.

Bei Verwendung von $\beta = 3,8$ dürfen im semiprobabilistischen Verfahren für die Wichtungsfaktoren die Werte $\alpha_E = -0,7$ (Einwirkungsseite) und $\alpha_R = 0,8$ (Widerstandsseite) verwendet werden, wenn die Bedingung

$$0,16 < \sigma_E/\sigma_R < 7,6 \tag{1}$$

gilt, wobei σ_E und σ_R die Standardabweichungen für die Einwirkungen E bzw. Widerstände R sind [3].

Wenn die Bedingung nicht erfüllt wird, sollte $\alpha = \pm 1$ für die Variable mit der größeren Standardabweichung und $\alpha = \pm 0,4$ für die Variable mit der kleineren Standardabweichung verwendet werden. Eine sehr konservative Schätzung wäre $\alpha_{Ri} = +1$ und $\alpha_{Ei} = -1$. In [10] und [14] werden wegen der auf Einwirkungs- und Widerstandsseite abweichenden Streuung Empfehlungen für eine Anpassung gegeben, ebenso eine Einschätzung der Streuung der Eingangsgrößen.

Die vorhandenen Teilsicherheitsbeiwerte in derzeitigen Normen für alle Baukonstruktionen wurden entweder durch Kalibrierung an der bisherigen Erfahrung oder durch statistische Auswertung von Versuchsergebnissen oder Messungen mit Abschätzung der Wichtungsfaktoren $\alpha_E = -0,7$ für Einwirkungsseite und $\alpha_R = 0,8$ für Widerstandsseite festgelegt.

2.3.1 Verhältnis von Eigengewichtsanteil zur Gesamtlast

Prüftechnische Aspekte führen unabhängig vom konkreten Einzelfall und von den präventiven Schritten zur Gewährleistung der Standsicherheit bei Unschärfe des Sicherheitsniveaus hinsichtlich der Standsicherheit unter Wind- und / oder Schneelasten zu Überlegungen, auf welche geeignete Weise ein Einstufungsansatz gefunden werden kann [15]. Abweichend geregelte Einwirkungen finden sich in Normenreihen auf der Bemessungsseite (bei Holz - hier Kurzzeitigkeit von Lasteinwirkungen; bei Stahl - hier geringere Lastfaktoren bei Windlasten, insbesondere bei fliegenden Bauten, oder $\gamma_F = 1,0$ bei außergewöhnlichen Lasten, wie Anprall).

In Leichtkonstruktionen ist der Anteil der veränderlichen Einwirkungen mit größeren Standardabweichungen (wie Wind- oder Schneelasten) viel größer als der Anteil der ständigen Lasten mit kleinen Standardabweichungen (wie Eigengewicht). Deshalb ist die Standardabweichung auf der Einwirkungsseite σ_E der Leichtkonstruktionen wesentlich größer als bei anderen Konstruktionen. Außerdem werden Leichtkonstruktionen mit sehr kleiner Standardabweichung gebaut. Dies führt zu der kleinen Standardabweichung auf der Widerstandseite σ_R. Die Bedingung von Gl. (1) ist deshalb nicht immer erfüllt. Die Wichtungsfaktoren der Einwirkungsseite für Leichtkonstruktionen sind vermutlich noch kleiner als -0,7. Mit kleinerem Wichtungsfaktor der Einwirkungsseite sind die Teilsicherheitsbeiwerte für veränderliche Einwirkungen größer.

Die Anwendung der Teilsicherheitsbeiwerte 1,5 für veränderliche Einwirkungen für Leichtkonstruktionen kann zu einem zu niedrigen Sicherheitsniveau führen.

Auch könnte die Einstufung nach Gefahrenklassen nach DIN EN 1990 [3] bauaufsichtlich qualifiziert werden, was derzeit nicht genutzt wird.

Die Besonderheit leichter Bauarten kann vereinfacht am klassischen Spannungsnachweis erläutert werden. Betrachtet man dabei die Schnittkraft (z.B. Biegespannung) aus Eigengewicht und Verkehrslast am Einfeldträger

$$\sigma = \frac{M_g + M_p}{W} \qquad (2)$$

und setzt einen Zuwachs an Verkehrslast ΔM_p an, wird das Verhältnis Lastzuwachs zur vorhandenen Belastung

$$\frac{\Delta \sigma}{\sigma} = \frac{\Delta M_p}{M_g + M_p} = \frac{\Delta M_p / M_p}{1 + M_g / M_p} \qquad (3)$$

mit

$$\Delta M_p / M_p = \lambda \qquad (4)$$

und

$$M_g / M_p = \kappa \qquad (5)$$

wird aus

$$\frac{\Delta \sigma}{\sigma} = \frac{\lambda}{1 + \kappa} \qquad (6)$$

Für verschiedene (prozentuale) Verkehrslastzuwächse λ lässt sich der Anteil der Schnittkräfte aus Eigenlast zu Verkehrslast κ auf der Abszisse und dessen Abhängigkeit wiederum vom anteiligen Spannungszuwachs $\Delta\sigma/\sigma$ auf der Ordinate des nachfolgenden Diagramms darstellen. Man erkennt, dass mit zunehmendem Eigenlastanteil (der Schnittkräfte) κ bei allen λ-Werten (Verkehrslastzuwachs) das Verhältnis $\Delta\sigma/\sigma$ abnimmt.

Im nachstehenden Diagramm ist ablesbar, dass bei leichten Konstruktionen (hier kleiner κ-Wert) schneller eine größere prozentuale Überlastung erreicht ist, als bei schwereren Konstruktionen (hier großer κ-Wert). Bisher findet diese besondere Eigenschaft der Leichtkonstruktionen und der leichten Bauweisen im derzeitigen Sicherheitskonzept der Normung keine befriedigende Berücksichtigung (siehe auch [11]).

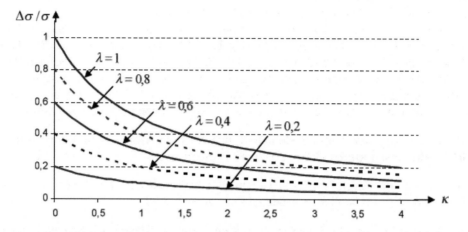

Bild 1: Änderung der $\Delta\sigma/\sigma$ in Abhängigkeit von λ und κ

In DIN EN 1990 [3] wird dieser Sachverhalt gleichfalls nicht abgebildet.

Vielmehr entsteht durch das Überwiegen des Anteils der Wind- und/ oder Schneelast an der Gesamtlast fast die Konstellation des fundamentalen Falles. Durch den hohen Verkehrslastanteil aus Klimalast – z. B. bei sehr leichten Konstruktionen in der Norddeutschen Tiefebene – wird die Situation auf den abfallenden Ast der Gaußschen Normalverteilung auf der Einwirkungsseite verschoben. Wegen des Ansatzes des Sicherheitsbeiwertes γ_G [1] mit 1,0 sinkt das Bemessungsniveau auf den charakteristischen Wert der Festigkeit und befindet sich damit bei voller Auslastung möglicherweise auf dem aufsteigenden Ast der Gaußschen Normalverteilung auf der Widerstandsseite. Im fundamentalen Fall überdecken sich dann beide 5%-Fraktilbereiche mit den bekannten fatalen Folgen des möglichen Eintretens des Versagens der leichten Konstruktion.[2]

Die nach bauaufsichtlicher Einführung der Eurocodes erforderlich gewordenen Kommentierungen zu Einführungserlassen und die Grundsatzüberlegungen der ARGEBAU

---

[1] Der Sicherheitsbeiwert GammaG ist laut DIN EN 1990 bei der außergewöhnlichen Bemessungssituation mit 1,0 anzusetzen. Die außergewöhnliche Einwirkung ist ebenda nicht mit einem Sicherheitsbeiwert versehen.

[2] Bei Betrachtung der Unterschiede der Lastkombination zwischen EC 3 und EC 0 ergibt sich die Überlagerung für Eigenlast mit Schnee und Wind nach EC 3 zu 1,35g + 1,35s + 1,35w und nach EC 0 zu 1,35g + 1,5s + 0,9w. Die Überlastung in Rahmenecken beträgt bei Vergleichsrechnungen von EC 0 mit 1,0 als Basiswert gegenüber EC 3 bis zu 15% und erzeugt speziell bei den Rahmenecken ebenfalls eine Absenkung des Sicherheitsniveaus. Also würde eine Bemessung nach aktueller Lastkombination nach EC 0 auch hier zu einer Unterschätzung des Sicherheitsrisikos führen.

zu speziellen Baukonstruktionen und zu optimierten Bauweisen (siehe Punkt 4 und 5) erfordern immer wieder die Einbeziehung der hier vorgetragenen besonderen Eigenschaft der Leichtkonstruktionen.

2.3.2 Auswirkung auf das Sicherheitsniveau

In der Literatur werden zum Thema eines probabilistischen Ansatzes für die Berücksichtigung der erhöhten Versagenswahrscheinlichkeit von Leichtkonstruktionen unter Klimalasten bereits erste Hinweise in Auswertung anderer untersuchter Parameter mitgegeben [12][3]. Die Versagenswahrscheinlichkeiten von 10^{-6} im allgemeinen Hochbau sind theoretischer Natur, weil sich die in der Normung verwendete Sicherheitstheorie auf die Gaußsche Normalverteilung gründet. Damit sind die Versagenswahrscheinlichkeiten auf Werte von 10^{-4} bis 10^{-5} reduzierbar.

Die Auswirkung des Eigengewichtanteils an der Gesamtlast bzw. Auswirkung des Anteils der Klimalasten an der Gesamtlast bei leichten Konstruktionen erfordern eine pragmatische Herangehensweise. Das gezeigte Verfahren ermöglicht für diese Herausforderung die Einschätzung der Relevanz durch die grafische Check-Hilfe. Dabei wurde gezeigt, dass bei leichten Konstruktionen schneller eine größere prozentuale Überlastung erreicht ist, als bei schwereren Konstruktionen. Die Anwendung der bisherigen Teilsicherheitsbeiwerte für veränderliche Einwirkungen führt bei Leichtkonstruktionen aus diesem Sachzwang heraus zu einem unbekannt niedrigeren Sicherheitsniveau. Anhand verschiedener Bemessungsnormen wurde gezeigt, dass bereits probabilistische Ansätze Eingang in die derzeitigen Normen von leichten Bauweisen gefunden haben.

Es werden jedoch noch folgende Hinweise gegeben:

Es besteht grundsätzlicher Bedarf nach einer Lösung des Sicherheitsproblems, auch wenn wirtschaftlich günstigere Auswirkungen nicht zu erwarten sind. Es wird auf eine nicht einschätzbare Streuung der Eingangsgrößen verwiesen, die nachteilige Auswirkungen auf das Sicherheitsniveau hat und derzeit nicht einschätzbar ist. Im Stahlbau wurde in der Bemessungsnorm auf das grenzwertige Sicherheitsproblem durch Regulierung der Eingangsgrößen bereits Rücksicht genommen. Aspekte der Gefahrenklassifizierung nach DIN EN 1990 usw. sollten künftig einbezogen werden. Bei Klimalasten wurde bereits vom DWD auf die unbekannte Streuung der Eingangsgrößen verwiesen und die Anwendung als außergewöhnlicher Lastfall mit den entsprechenden Sicherheitsanforderungen für diesen Lastfall gefordert. Für solche Bauarten sind Durchlaufsysteme bzw. Stockwerkrahmen als statische Systeme besonders geeignet.

Der geringe Eigengewichtsanteil ist bauartabhängig. Beton und Glas sind nicht betroffen; Stahl ab 0,9 und Holz ab 0,3 kN/m² Flächeneigengewicht.

---

[3] Auch bestanden bereits innerhalb anderer erfolgreich evaluierter Sicherheitskonzepte mit probabilistischen Ansätzen jahrzehntelange Erfahrungen. Gedacht ist hier an die Einbeziehung pragmatisch formulierter sicherheitstheoretischer Ansätze für Schneelasten nach TGL 32 274 / 05 (Ausgabe vom Dezember 1976). Deren in [12] formulierte Grundlagen führten in Ostdeutschland zu keinerlei Einstürzen von berechneten Dächern in den vergangenen Jahrzehnten.

3 Anwendungserfahrungen

Erfahrungen mit den neu eingeführten Normen werden seit 2010 bei der Tragwerksplanung und seit Ende 2012 auch bei der standsicherheitstechnischen Prüfung gesammelt.

3.1 Grundlage der europäischen Kontinuität

Beibehalten wird das semiprobabilistische Sicherheitskonzept.

3.2 Nationale Abweichungen geregelt im NA

Nationale Informationen, die von den Anforderungen des EC 1 nicht abweichen dürfen, werden im Nationalen Anhang niedergelegt. Allgemeine Anforderungen und Informationen werden als NSI formuliert und eingefügt (siehe Abschnitt 1).

Ein inhaltlicher Vergleich der neu geregelten Anwendungsbereiche mit den zurückgezogenen nationalen Standards ergibt folgende wirksam werdende Veränderungen:

Schnee nach DIN EN 1991-1-3:2010-12 und DIN EN 1991-1-3/NA:2010-12

Aus DIN 1055-5 wurde in den Nationalen Anhang übernommen:

– Berechnung mit Böenreaktionsfaktor

(Die Datengrundlage wird derzeit noch einmal überarbeitet. Die Ergebnisse werden Eingang in den Nationalen Anhang zu DIN EN 1991-1-4 finden.)

Wind nach DIN EN 1991-1-4:2010-12 und DIN EN 1991-1-4/NA:2010-12

Aus DIN 1055-4 wurde in den Nationalen Anhang übernommen:

– Ab Höhenlage über 1500 m muss die Bauaufsicht Rechenwerte und Bemessungssituation vorgeben.

– Anhang B „Außergewöhnliche Schneeverwehungen" ist nicht anzuwenden und Schneeverwehungen sind keine außergewöhnlichen Einwirkungen.

Abweichend von DIN 1055-4 wird in den Nationalen Anhang eingeführt:

– In die Schneezonenkarte wird die Grenzlinie Ndt. Tiefland mit tabellarischer Zuordnung zu den Verwaltungseinheiten und die Zonen 1a und 2a eingeführt.

– Abschnitt 5.3.6 (1) Höhensprünge ab 0,50 m an Dächern wird neu formuliert.

3.3 Auslegungsfragen bei der prüftechnischen Arbeit

Wichtig geworden ist die Auslegung von grundsätzlichen Definitionsfragen: Was ist nicht vorwiegend ruhende Belastung? Was sind Kurzzeitlasten?

Konkrete Auslegungsbeispiele für die zurückgezogenen nationalen Standards beantwortet auf den Internetseiten des DIN gelten auch für EC 1 sinngemäß fort. Neue Anfragen und deren Beantwortung sind für den Teil der DIN EN 1991-1-3 (Windlasten) und den Teil DIN EN 1991-1-4 (Schneelasten) an das DIN gestellt worden; die Beantwortung wurde bzw. wird kurzfristig eingestellt. Bei der prüftechnischen Arbeit an auf die öffentlich eingestellten Antworten auf Anfragen zurück gegriffen werden. Ebenso dienen Einsichtnahmen in die Literatur – hier in alte TGL-Normen oder in neuere ISO-Normen – als Anregungen für die eigenen kreativen Denkansätze.

3.3.1 Auslegungsfragen zum Schneelastansatz

Die Schneelastkarte eignet sich nicht für die Anwendung im alpinen Bereich bzw. nicht für die Anwendung im Harz. Die hier stark gegliederte Topografie erlaubt keine Interpolation. Es sind allein die Landkreiszuordnungen der Obersten Bauaufsichtsbehörden und deren Einführungserlasse verbindlich.

Beobachtungen haben ergeben, dass auf großen Flachdächern der Wind keine Schneelastabtragung wie bei kleineren Dächern bewirkt. Die vorhandene Schneelast kann daher nicht mit dem vollen Wert $0,8 \cdot s_k$ von μ_1 angesetzt werden, da der Schnee ähnlich wie auf dem Boden liegen bleibt.

Andererseits müssen für Fotovoltaik-Anlagen auf solchen Dächern ebenfalls Formbeiwerte gefunden werden, die den tatsächlichen Gegebenheiten Rechnung tragen, denn die in Gruppen montierten Anlagen können nicht wie singuläre Höhenversprünge o.ä. behandelt werden.

3.3.2 Auslegungsfragen zum Windlastansatz

Der eine oder andere „Zwischenruf" hat auch hier Anlass für Verstimmung und Nach- und Umdenken gegeben.

Ansonsten sind die Fragen rund um die Ermittlung des Böenreaktionsfaktors bzw. des Strukturbeiwertes, die Findung von Kriterien für die Schwingungsanfälligkeit oder der Einfluss von Geländerauhigkeit und Topografie, wie schon erwähnt, die Schwerpunkte der zu interpretierenden prüftechnischen Anfragen.

3.4 Erfahrungen aus der eigenen Normungsmitarbeit und Konsequenzen daraus für die eigene prüftechnische Arbeit[4]

Unter Punkt 2.1.1 wurde die Zulässigkeit der Verallgemeinerung der im Nationalen Anhang veröffentlichten Tabellen mit Landkreisgrenzen angesprochen. Die Obersten Bauaufsichtsbehörden hatten die schwierige Aufgabe, Windlastzonen aus der deutschen Schneelastkarte in Landkreistabellen umzusetzen. Dies brachte einige Interpretationsschwierigkeiten in der Anwendung mit sich.

Die ständige Aktualisierung dieser Tabellen und deren Abgleich über Mittelwertbildung zu den Nachbarlandkreisen in Deutschland und zu den europäischen Nachbarländern bleibt Tagesaufgabe der oberen und unteren Bauaufsichtsbehörden und damit auch der Prüfingenieure als deren Verwaltungshelfer.

Weitere Erfahrungen ergaben sich durch die geänderten Windlastansätze bei der Ausführung leichter Gittermaste (sogenannte Werbetürme). Die Konstruktionen werden durch die gestiegenen Anforderungen unwirtschaftlich.

Bei Turbulenzgutachten, wie sie zunehmend für die Erweiterung bestehender Windparks erstellt werden müssen, tauch immer mal wieder das Problem auf, dass nach den neueren Untersuchungen über die effektive, charakteristische bzw. repräsentative Turbulenzintensität einige bestehende WEA herausgefunden werden, die die standsicherheitstechnischen Anforderungen hinsichtlich Turbulenzintensität nicht mehr durch ihre typengeprüften Auslegungswerte erfüllen können. Hier würde wahrscheinlich ein standortbezogener Standsicherheitsnachweis gegenüber den Auslegungswerten der Typenprüfung noch vorhandene Ressourcen aktivieren, doch sicher war das bisher nicht in jedem Fall nachzuweisen.

Bild 2: Beispiel eines Anbaus nach Einführung der „Ndt. Tiefebene" – Querschnittserhöhung für die Nagelbrettbinderdiagonalen

Die prüftechnische Auseinandersetzung mit der Optimierung von Sonderkonstruktionen ist ein spezieller Fall. Er führte von prüftechnischen Empfehlungen im Einzelfall

---

[4] Die Verfasserin ist u. a. Normenmitarbeiterin im DIN-Ausschuss NA 005-51-02AA für den Eurocode 1 und dort zudem im Unterausschuss „Windlasten" tätig. Sie ist stellvertretende Obfrau des DIN-Ausschusses NA 005-51-01AA für den Eurocode 0. Weiterhin erlaubt ihre Tätigkeit als Beratende Ingenieurin und als Prüfingenieurin vielfältig Erfahrungen mit der Normenanwendung zu sammeln.

zur Ausarbeitung von allgemeinen Anwendungshinweisen, die dann in Zusammenarbeit mit der Obersten Bauaufsicht und nach gründlicher Evaluation durch Kollegen mit Prüferfahrungen an ähnlichen Konstruktionen im Nachgang in von der ARGEBAU herausgegebene Anwenderhinweise mündeten.

4 Tendenzen und offene Fragen

4.1 Normungsarbeit

Es wurde ein erneutes Mandat zur Überarbeitung erteilt, dieses wird derzeit bearbeitet.

Dabei werden solche Fragen behandelt, wie:

Gelten die Schneelastansätze auch sicherheitstechnisch zweifelsfrei in Gebirgsregionen? Sind die 50-Jahre-Referenzwerte für Wind noch zulässig? Wurde das Wasseräquivalent statt der Schneehöhenmessung standardisiert und statistisch belastbar oft verwendet? Welche Alternativen gibt es zur derzeitigen Datenlage? Welche Vereinfachungen und Straffungen der Normentexte lassen sich im europäischen Konsens erreichen? Welche Strategien setzt Deutschland dafür ein?

4.2 Initiative der planenden und der prüfenden Ingenieure

Die die Ingenieure vertretenden Verbände VBI und BVPI haben im Januar 2011 die Initiative PRB gegründet und verfolgen bei deren Arbeit das Ziel, den Umfang und die Handhabbarkeit der Normentexte zu verbessern.

Die PRB hat inzwischen aktiv Teilsicherheitsbeiwerte und Kombinationsbeiwerte für die Einwirkungen vorgeschlagen. Näheres dazu kann den Veröffentlichungen und Tagungsdokumenten der Initiative entnommen werden.

4.3 Anwenderprobleme der Softwareentwickler

EDV-Programme und deren Approximationsprobleme beruhen u.a. auch auf der Komplexität der Einwirkungskombinationen. Die Linearisierung stellt eine Herausforderung an die Software-Entwickler dar. bei der Prüftätigkeit stellen sich immer wieder Grenzwertprobleme, normative Abweichungen und unzulässige Vereinfachungen heraus, die im Detail diskutiert werden müssen.

4.4 Nicht geregelte Eislasten

Die ursprünglich in der Schnee- und Eislastnorm DIN 1055-5 im Anhang A für Eislasten getroffenen Regelungen entstammen mehrheitlich der ISO-Norm 12494. In der die DIN 1055-5 ablösenden DIN EN 1991-1-3 bzw. mindestens in dem zugehörigen NA wurde derzeit noch versäumt, die bisherigen Regelungen für Eislasten zu übernehmen.

Es besteht daher die Möglichkeit, die Regelungen aus Anhang A der DIN 1055-5, die ehemalige DDR-Norm 32274 oder die ISO 12494 als Literaturquelle weiter zu nutzen, auch wenn diese Regelungen nicht als TB anerkannt wurden.

Derzeit wird die Euronorm EN 1991-1-9 Atmospheric Icing of Structures im CEN TC 250 SC 1 gespiegelt und als künftige Euronorm EN 1993-3-1 in TC 250 SC 1 WG 1 for Climatic Actions bearbeitet.

Auf die Eis- und Wassersackbildung infolge von Frost-Tau-Wechseln wurde bereits verwiesen.

4.5 Normung für Spezialbauwerke und besondere Bauweisen

Schadensfolgeklassen werden europaweit verwendet zur Anpassung des Sicherheitsniveaus an die Nutzung der Bauwerke. Dies ist bauaufsichtlich in Dt. nicht zulässig. (Anhang B von EC 0 wurde nicht als TB eingeführt.) Also existiert auch keine Anpassung der Teilsicherheitsfaktoren bzw. keine Einführung von Wertigkeitsfaktoren für die Problematik aus Abschnitt 2.3. Dennoch wurde normungstechnisch etwas zur Bewältigung dieser Herausforderung getan.

Eigene Einwirkungsstandards finden sich in den neu geschaffenen bzw. noch in Arbeit befindlichen Normen für:

- Brücken
- Windkraftanlagen (DIBt-RiLi, EN 16454)
- Membrankonstruktionen
- Gewächshäuser[5]
- Glaskonstruktionen
- Stahlbau, Holzbau u.a.

Bauaufsichtliche Regelungen für Sonderkonstruktionen wurden entweder durch allgemeine Kommentierung im (Muster-)Einführungserlass für die Technischen Baubestimmungen (Bsp. Windkraftanlagen und Vordächer) oder mit eigens für diese von der

---

[5] So wurden Gewächshäuser mit Unterteilung nach Nutzungsart gewerblich als Verkauf oder gewerblich als Kulturaufzucht neu genormt, wobei mit speziellen Schnee- und Windlastansätzen den unterschiedlichen Sicherheitsanforderungen Rechnung getragen werden konnte.

ARGEBAU herausgegebenen Technischen Regeln herausgegeben (Bsp. Nagelplattenbinder).

5 Zusammenfassung

Dem beratenden und planenden Ingenieur bleibt nach wie vor die Eigenverantwortung für sein vertraglich zu lieferndes Werk unbenommen. Er muss unabhängig Kriterien finden, nach denen er abwägend die für seinen Standort und sein spezielles Bauwerk wahrscheinlichsten Klimalasten findet und in der Berechnung ansetzt. Die Frage, inwieweit er sich dabei der Normung bedient oder nicht, inwieweit die bauaufsichtlich eingeführten Technischen Baubestimmungen im Zweifels- oder Streitfall als allgemein anerkannte Regeln der Technik anerkannt sind oder werden, kann ihm in der Beantwortung eine Entscheidungsfindung durchaus erleichtern.

Wie hier vorgetragen, können Singularitäten in der Tragwerks- oder in der Gelände- und Standortstruktur die Einholung von Zweitmeinungen oder von Zustimmungen der Bauaufsicht zu Lastansätzen durchaus angebracht erscheinen lassen – dies auch aus sicherheitstechnischer oder wirtschaftlicher Hinsicht besonders bei großen Bauvorhaben. Wieweit der Klimalastanteil an der Gesamtlast die Höhe der Versagenswahrscheinlichkeit bestimmt, ist hier gezeigt worden und damit ist vielleicht öfter einmal ein weiterer wichtiger Abwägungsgrund für die Entscheidung zur Einholung von Gutachten oder bauaufsichtlichem Bescheid zu bedenken. Schlussendlich ist die Abschätzung, ob eine höhere Versagenswahrscheinlichkeit besteht oder nicht, auch ausschlaggebend, ob statt mühevoller detaillierter Klimalastermittlung einfacher ein großzügiger Lastansatz gemacht werden kann, weil der sich wegen Versagensunwahrscheinlichkeit / Tragressourcen der massiven schweren Bauweise ohnehin wirtschaftlich kaum auswirkt.

Literatur

[1] https://www.dibt.de/de/Service/Dokumente-Listen-TBB.html.

[2] https://www.dibt.de/de/Geschaeftsfelder/data/Hinweis_Bauen_im_Bestand.pdf.

[3] DIN EN 1990: Eurocode - Grundlagen der Tragwerksplanung. Ausgabe Dezember 2010.

[4] DIN EN 1990/NA: Nationaler Anhang – National festgelegte Parameter – Eurocode: Grundlagen der Tragwerksplanung. Ausgabe Dezember 2010.

[5] DIN EN 1991: Eurocode 1: Einwirkungen auf Tragwerke. Ausgabe Dezember 2010.

[6] DIN EN 1991-1-3: Eurocode 1: Einwirkungen auf Tragwerke. Teil 1-3: Allgemeine Einwirkungen, Schneelasten, Ausgabe Dezember 2010.

[7] DIN EN 1991-1-3/NA: Nationaler Anhang – National festgelegte Parameter – Eurocode 1: Einwirkungen auf Tragwerke – Teil 1-3: Allgemeine Einwirkungen, Schneelasten, Ausgabe Dezember 2010.

[8] DIN EN 1991-1-4: Einwirkungen auf Tragwerke. Teil 1-4: Allgemeine Einwirkungen, Windlasten. Ausgabe Dezember 2010.

[9] DIN EN 1991-1-4/NA: Nationaler Anhang – National festgelegte Parameter – Eurocode 1: Einwirkungen auf Tragwerke – Teil 1-4: Allgemeine Einwirkungen, Windlasten. Ausgabe Dezember 2010.

[10] Kraus, O.: Systemzuverlässigkeit von Hallenrahmen aus Stahl unter zeitvarianten Belastungen. RWTH Aachen, Shaker Verlag, 2004.

[11] Klein, U.: Anpassung des Schneelastansatzes bei durch Tragfähigkeitsversagen gefährdeten leichten Konstruktionen. Der Prüfingenieur Nr. 28, Hochberg April 2006, S. 12 – 13.

[12] Spaethe, G.: Die Sicherheit tragender Baukonstruktionen. 2. Auflage, Springer-Verlag Wien 1992.

[13] Butler, S.: Das neue Sicherheitskonzept beim statischen Nachweis von Holzkonstruktionen. In: Tagungsband 12. Quedlinburger Holzbautagung 2006 Holz am Bau, FHH Fachverband für Holzschutz und Holzbau e.V. am 30./31.3.2006 in Quedlinburg.

[14] Butler, S., Klein, U.: Aspekte zur Versagenssicherheit leichter Konstruktionen. In: Technische Mitteilungen, Mitteilung vom 09.04.2008, Technischen Koordinierungsausschuss der BVPI (internes Dokument).

[15] Deutsches Institut für Normung (Hrsg.): Auslegungen zu DIN EN 1990 und DIN EN 1991. Beuth, Januar 2015, aktuell abzurufen im Internet unter www.nabau.din.de.

DAfStb-Richtlinie „Verstärken von Betonbauteilen mit geklebter Bewehrung"

Konrad Zilch, Christian Mühlbauer

1   Einführung

Das Verstärken von Tragwerken ist heute eine wesentliche Bauaufgabe. Die Gründe dafür liegen einerseits in der aus Gesichtspunkten der Nachhaltigkeit vermehrten Bestandserhaltung, in erforderlichen Nutzungsänderungen mit Lasterhöhungen sowie in der Deterioration der Bestandsbauwerke, die dann an Ihre ursprüngliche Tragfähigkeit wieder angepasst werden müssen.

Verstärkungen mit Klebebewehrungen sind in vielen Fällen wirtschaftliche und saubere Ausführungsmethoden. Sie sind in Deutschland seit langem eingeführt und über allgemeine bauaufsichtliche Zulassungen seit 1979 für oberflächig aufgeklebte Stahllaschen, seit 1985 für oberflächig aufgeklebte CFK-Lamellen, seit 1997 für auflaminierte CFK-Gelege und seit 2001 für eingeschlitzte CFK-Lamellen geregelt. Dabei umfassten die Zulassungen jeweils das Material, die Bauausführung als auch Bemessungsregeln auf der Basis der geltenden nationalen Normen für die Bemessung, z.B. DIN 1045-1 [2]. Mit verbindlicher Einführung der Eurocodes [3], [4] wurde es erforderlich, die Bemessungsteile der Zulassungen auf die Modelle der Eurocodes umzustellen. Verstärkungsmethoden mit geklebter Bewehrung hatten sich inzwischen auch zu allgemeinen anerkannten Verfahren entwickelt. Daher wurde 2009 beschlossen, allgemein gültige Regeln als Richtlinie des Deutschen Ausschuss für Stahlbeton zu formulieren und nur für die einzelnen Bausätze typische Bestimmungen in einer allgemeinen bauaufsichtlichen Zulassung zu belassen.

Für eine solide wissenschaftliche und auch praxistaugliche Grundlage der Richtlinie wurde 2009 vom Deutschen Ausschuss für Stahlbeton Forschung initiiert, die zunächst den Sachstand [5] zusammenstellte und anschließend die Lücken mit Mitteln der Forschungsinitiative des Bundes „Zukunft Bau" und Unterstützung der Industrie schloss [6], [7], [8]. Zeitlich parallel dazu wurde von 2010 bis 2012 die Richtlinie [1] in einem Arbeitskreis des Deutschen Ausschuss für Stahlbeton formuliert.

Die Regelungen für die Klebeverstärkung im Betonbau sind daher in Zukunft aufgegliedert in

---

Prof. Dr.-Ing. habil. Dr.-Ing. E.h. Konrad Zilch, Zilch + Müller Ingenieure GmbH München
Dr.-Ing. Christian Mühlbauer, Zilch + Müller Ingenieure GmbH München

1. Die Richtlinie des Deutschen Ausschusses für Stahlbeton für die Bemessung und allgemeine Grundlagen der Baustoffe und der Planung sowie der Bauausführung,

2. Eine allgemeine bauaufsichtliche Zulassung (ggf. auch europäisches technisches Assessment (ETA)) für das Verstärkungssystem, in der die einzelnen Komponenten zusammengefasst und die Verträglichkeit des Systems sichergestellt wird,

3. Europäische Werkstoffnormen, soweit verfügbar, wie z. B. DIN EN 1504-4 [9].

Da die Richtlinie des Deutschen Ausschuss für Stahlbeton ein neues Regelungsgebiet erschließt, hat die Bauaufsicht beschlossen, diese zunächst nicht allgemein bauaufsichtlich einzuführen. Ihre Anwendung wird vielmehr jeweils durch in Bezugnahme in den allgemeinen bauaufsichtlichen Zulassungen verfügt. Damit gilt die Richtlinie jeweils nur in Verbindung mit einer Zulassung.

Neben der Richtlinie selbst wurden vom Deutschen Ausschuss für Stahlbeton auch Hintergründe zu den verwendeten Bemessungsmodellen, Erläuterungen für die Bemessungspraxis und Bemessungsbeispiele im DAfStb-Heft 595 [10] veröffentlicht. Weitere Hinweise befinden sich in [11].

2 Die DAfStb-Richtlinie „Verstärken"

2.1 Allgemeines

Die DAfStb-Richtlinie „Verstärken von Betonbauteilen mit geklebter Bewehrung" [1] ist in vier Teile gegliedert. Dabei regelt der erste Teil der DAfStb-Richtlinie die Bemessung und Konstruktion von Verstärkungsmaßnahmen mit geklebter Bewehrung. Der zweite Teil der DAfStb-Richtlinie beschreibt zusammen mit den Systemzulassungen die Produkte für eine Verstärkungsmaßnahme mit geklebter Bewehrung. Im dritten Teil der DAfStb-Richtlinie wird die Ausführung geregelt. Zusätzlich werden im vierten Teil der DAfStb-Richtlinie Regelungen zur Planung von Verstärkungsmaßnahmen ergänzt.

Die DAfStb-Richtlinie umfasst folgende Verstärkungsmethoden: Aufgeklebte CFK-Lamellen und Stahllaschen, eingeschlitzte CFK-Lamellen und auflaminierte CFK-Gelege. Sowohl das Verstärken von Stahlbeton als auch von Spannbetonbauteilen ist in der Richtlinie geregelt. Vorgespannte CFK-Lamellen sind auf Grund noch offener zahlreicher Fragestellungen nicht in der Richtlinie enthalten.

Die DAfStb-Richtlinie enthält Ansätze für die Biege- und Querkraftbemessung von verstärkten Bauteilen, zur Bemessung von örtlichen Verstärkungen sowie zur Bemessung von mit Klebebewehrung verstärkten Stützen. Zudem werden mit Klebebewehrung verstärkte Bauteile sowohl unter vorwiegend ruhender als auch unter dynamischer Belastung betrachtet.

Mit der DAfStb-Richtlinie sind nur Verstärkungen von Normalbeton der Festigkeitsklasse von C12/15 bis C50/60 geregelt. Die DAfStb-Richtlinie enthält darüber hinaus keine Regelungen für Leichtbeton und andere Materialien wie zum Beispiel Mauerwerk. Für die Bemessung im Brandfall sind keinerlei dezidierte Bestimmungen in der DAfStb-Richtlinie angegeben. Es wird vielmehr darauf verwiesen, die Feuerwiderstandsdauer nach DIN EN 1992-1-2 [12] in Verbindung mit dem nationalen Anhang [13] ohne Anrechnung der Wirkung der Klebeverstärkung oder mit speziellen für diesen Anwendungszweck allgemein bauaufsichtlich zugelassenen Brandschutzverkleidungen sicher zu stellen.

2.2 Aufbau und Inhalt des Teils 1: Bemessung und Konstruktion

Wie im vorigen Abschnitt erwähnt, regelt der erste Teil der DAfStb-Richtlinie [1] die Bemessung und Konstruktion von Verstärkungsmaßnahmen mit geklebter Bewehrung. Die DIN EN 1992-1-1:2011-01 [3] mit dem zugehörigen Nationalen Anhang [4] wird durch diesen Teil der DAfStb-Richtlinie auf Grund der für die geklebte Bewehrung zusätzlich nötigen Regelungen ergänzt. Dadurch entspricht die Gliederung exakt der DIN EN 1992-1-1:2011-01 [3] und es werden die für die geklebte Bewehrung zusätzlich nötigen Formulierungen für die Baustoffe, die Dauerhaftigkeit, den Grenzzustand der Tragfähigkeit (GZT), den Grenzzustand der Gebrauchstauglichkeit (GZG), die Bewehrungsregeln sowie die Konstruktionsregeln angegeben. Die DAfStb-Richtlinie beruht, wie die DIN EN 1992-1-1:2011-01 [3] mit dem zugehörigen Nationalen Anhang[4], auf dem Sicherheitskonzept der DIN EN 1990:2010-12 [14] mit dem zugehörigen Nationalen Anhang [15]. In der DAfStb-Richtlinie sind die Teilsicherheitsbeiwerte für die verschiedenen Arten der Klebebewehrung festgelegt. Dabei wird zwischen den Teilsicherheitsbeiwerten für die Festigkeit der geklebten Bewehrung und den Sicherheitsbeiwerten für den Verbund der geklebten Bewehrung unterschieden.

Wie oben bereits erwähnt werden grundsätzlich die Bemessungsmodelle der DIN EN 1992-1-1:2011-01 [3] mit dem zugehörigen Nationalen Anhang [4] verwendet und entsprechend ergänzt. Die hauptsächlichen Ergänzungen sind für den Verbund der geklebten Bewehrung sowie für die Tragfähigkeit von mit CFK-Gelegen verstärkten einachsial belasteten Stützen notwendig. Für aufgeklebte CFK-Lamellen wurde ein wirklichkeitsnaher Ansatz des Verbundes entwickelt, der ausführlich im Kapitel 4 dieses Beitrags, Hintergrund: Verbundmodelle für aufgeklebte Bewehrung, beschrieben ist. Da der komplette Verbundnachweis mit dem oben genannten Verbundmodell sehr aufwändig ist, vor allem für eine Handrechnung, wurden zusätzlich zwei Möglichkeiten eines vereinfachten Nachweises erarbeitet und in die DAfStb-Richtlinie implementiert. Diese vereinfachten Nachweise sind auf der sicheren Seite liegend ungenau. Für Verstärkungen innerhalb ihres beschränkten Anwendungsbereiches (Verstärkung des Feldmoments, gerippter Betonstahl nicht abgestuft) ist damit eine einfache und wirtschaftliche Planung möglich. Darüber hinaus kann die Verstärkung von Spannbetonbauteilen nicht mit dem vereinfachten Nachweisformat bemessen werden.

Durch eine Umschließung der Klebebewehrung mit Bügeln kann die Verbundtragfähigkeit erhöht werden (vgl.[16]). In der DAfStb-Richtlinie „Verstärken" [1] ist daher zusätzlich die Möglichkeit vorgesehen die verbundkrafterhöhende Wirkung von Umschließungsbügeln anzusetzen.

Das Verbundmodell für die eingeschlitzten CFK-Lamellen entspricht demjenigen der bisherigen Zulassungen, welches von Blaschko [17] entwickelt wurde.

Eine Traglasterhöhung für Druckglieder mit Normalkraft- und Biegebeanspruchung wird im Wesentlichen durch Umschnürung und die dadurch erzielte Aktivierung der mehrachsialen Festigkeit des Betons erreicht. Es werden sowohl runde als auch polygonale Querschnitte mit abgerundeten Ecken betrachtet.

2.3 Inhalt des Teils 2: Produkte und Systeme für das Verstärken

Der Teil 2 der Richtlinie [1] enthält eine allgemeine Beschreibung der Produkte und Systeme für das Verstärken von Betonbauteilen mit geklebter Bewehrung. Die einzelnen Bestandteile eines Verstärkungssystems, nämlich die Verstärkungselemente aus Kohlefaserwerkstoffen oder Stahl, der Klebstoff, ggf. ein Primer für den Korrosionsschutz von Stahlteilen sowie ggf. ein Reprofilierungsmörtel werden genannt und die hierzu erforderlichen Angaben für die einzelnen Elemente in den zugehörigen Produktgrundlagen aufgezählt. Dieser Teil wird im Wesentlichen durch die systemspezifischen Angaben im Rahmen der allgemeinen bauaufsichtlichen Zulassung des Bausatzes ausgefüllt werden müssen.

2.4 Inhalt des Teils 3: Ausführung

Im Teil 3 der Richtlinie [1] sind zunächst Anforderungen an das ausführende Unternehmen sowie die erforderlichen Eignungsnachweise festgelegt. Danach folgen Regeln für die Ausführung der Bauteilverstärkungen hinsichtlich Witterungs- und Umgebungsbedingungen, der Untergrundvorbereitung, eventueller Reprofilierungsarbeiten und der Durchführung einzelner Verstärkungsmethoden. Die Anforderungen für die Eigenüberwachung des ausführenden Unternehmens sind ebenfalls gegeben sowie die erforderlichen Fremdüberwachungen.

2.5 Inhalt des Teils 4: Ergänzende Regelungen zur Planung von Verstärkungsmaßnahmen

Zur Planung einer Verstärkungsmaßnahme gehört auch die Feststellung des Ist-Zustandes. Für die einzelnen Verstärkungsarten sind Kriterien festgelegt. Eine Entwurfsplanung darf unter Verwendung der Bestandsunterlagen des zu verstärkenden Bauteils und sachkundiger Bewertung vorgenommen werden. Für die Ausführungsplanung müssen wesentliche Angaben zum Ist-Zustand, z.B. die mittlere Oberflächenzugfestigkeit des Betons im Bereich der Klebeflächen oder die Betonfestigkeitsklasse, am Bauwerk ermittelt werden.

3 Zum Aufbau und Inhalt der allgemeinen bauaufsichtlichen Zulassungen

Für das Verstärken von Stahl- und Spannbetonbauteilen in Verbindung mit der Richtlinie des Deutschen Ausschusses für Stahlbeton existieren inzwischen mehre Zulassungen, z.B. [18], [19]. In diesen Zulassungen wird zunächst der Zulassungsgegenstand (Verstärkungssystem) beschrieben und der Anwendungsbereich dargelegt. Von der DAfStb-Richtlinie wird Teil 1: Bemessung und Konstruktion, Teil 3: Ausführung und Teil 4: Ergänzende Regelung zur Planung von Verstärkungsmaßnahmen als gültig erklärt, sofern in der allgemeinen bauaufsichtlichen Zulassung keine anderen Angaben gegeben sind. Die produktspezifischen Eigenschaften und speziellen Anforderungen des Verstärkungssystems sind in der Zulassung angegeben und füllen damit den informativen Teil 2 der DAfStb-Richtlinie. Die Kennwerte der Bauprodukte und die zugehörigen Übereinstimmungsnachweise (werkseigene Produktionskontrollen und Fremdüberwachung) werden ausführlich dargelegt.

Neben kleineren Ergänzungen und Einschränkungen weichen die Zulassungen wesentlich nur in einem Punkt von der DAfStb-Richtlinie ab. Aufgrund von neueren Erkenntnissen wird bei der Bemessung von CF-Werkstoffen (Lamellen und Gelege) eine Abminderung der Zugfestigkeit in Folge von Langzeiteinflüssen der Umwelt verlangt. Hierzu wird ein Dauerstandsminderungsfaktor α_{Zeit} eingeführt.

Für den Bemessungswert der Zugfestigkeit von CFK-Lamellen f_{Lud} gilt damit in Ergänzung der entsprechenden Abschnitte der Richtlinie:

$$f_{Lud} = \alpha_{Zeit} \cdot f_{Luk} / \gamma_{LL}$$

Dabei sind:

f_{Lud} der Bemessungswert der Zugfestigkeit der CFK-Lamellen

α_{Zeit} der Dauerstandsminderungsfaktor für die CFK-Lamellen, ermittelt in einem Langzeitversuch in alkalischer Lösung, z.B. $p_H = 13{,}7$ und begrenzt auf
       $\alpha_{Zeit} \leq 0{,}9$

f_{Luk} der charakteristische Wert der Zugfestigkeit der CFK-Lamellen nach der Zulassung (Kurzzeitversuch)

γ_{LL} der Teilsicherheitsbeiwert nach der DAfStb-Verstärkungsrichtlinie

Der Bemessungswert der Bruchkraft der Lamelle oder des Geleges wird analog festgelegt.

Die Zulassungen können auch gegenüber der Richtlinie Erweiterungen enthalten, z.B. [19]. Dort ist ein Endverankerungssystem enthalten, dass im Regelungsinhalt der Richtlinie nicht erfasst ist. Hierzu werden dann natürlich neben der Produktbeschreibung auch Bemessungsregeln und Montagehinweise gegeben.

4 Hintergrund: Verbundmodelle für aufgeklebte Bewehrung

4.1 Allgemeines

Die Verbundkraftübertragung von aufgeklebten CFK-Lamellen, CFK-Gelegen und Stahllaschen unterscheidet sich grundlegend von dem des Betonstahls. Der Betonstahl kann auf Grund eines sehr duktilen Verbundverhaltens seine Zugfestigkeit an einem Einzelriss durch eine Vergrößerung der Verbundlänge verankern (vgl. Bild 1).

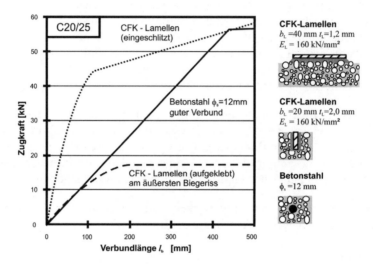

Bild 1: *Verbundtragfähigkeit aufgeklebter und in Schlitze verklebter CFK-Lamellen im Vergleich mit gerippten Betonstahl (am Einzelriss) aus [10]*

Die maximale Verbundkraft von aufgeklebter Bewehrung an einem Einzelriss ist jedoch begrenzt. Ab einer bestimmten Verbundlänge können keine größeren Verbundkräfte mehr übertragen werden. Die Zugfestigkeit aufgeklebter Bewehrung kann daher nicht am Einzelriss verankert werden. Eingeschlitzte CFK-Lamellen hingegen zeigen ähnliches Verbundverhalten wie Betonstahl. Auf Grund des unterschiedlichen Verbundverhaltens von aufgeklebter Bewehrung und eingeschlitzten CFK-Lamellen sind in der DAfStb-Richtlinie unterschiedliche Verbundansätze formuliert.

In den folgenden Abschnitten wird das Verbundverhalten von aufgeklebter Bewehrung kurz beschrieben.

4.2 Endverankerungsbereich aufgeklebter Bewehrung

Das grundlegende Verbundmodell für aufgeklebte Bewehrung, das auf bruchmechanischen Betrachtungen basiert, benutzt einen bilinearen Verbundansatz (vgl. Bild 2).

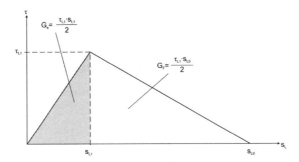

Bild 2: Bilinearer Verbundansatz mit energetischer Betrachtung

Die Parameter des bilinearen Verbundansatzes werden im sogenannten idealisierten Endverankerungsversuch ermittelt. Die DAfStb-Richtlinie gibt für aufgeklebte CFK-Lamellen und Stahllaschen jeweils empfohlene Systemwerte an. Für CFK-Gelege sind diese Werte auf Grund der unterschiedlichen Laminiersysteme und Laminierharze in der entsprechenden allgemeinen bauaufsichtlichen Zulassung anzugeben. Die Lamellenkräfte, die sich an dem Momentennullpunkt nächstgelegenen Biegeriss einstellen, müssen mit diesem Modell verankert werden (Endverankerungsnachweis). Wie bereits erwähnt, können an der Endverankerung nicht die vollen Zugkräfte der Lamelle verankert werden, da ab einer bestimmten Verankerungslänge die Verbundkraft nicht mehr gesteigert werden kann (vgl. Bild 1). Bauteilversuche zeigen jedoch, dass im Bereich des maximalen Biegemomentes die Kräfte in der aufgeklebten Bewehrung höher sind als die Endverankerungskräfte. Das heißt also, dass auch Verbundkräfte zwischen den Biegerissen, am sogenannten Zwischenrisselement (ZRE) übertragen werden. In der DAfStb-Richtlinie wird deshalb ein weiteres Modell zur Betrachtung der Verbundkraftübertragung außerhalb des Endverankerungsbereichs, also zur Berücksichtigung der Verbundkraftübertragung zwischen den Rissen, angegeben. Eine alleinige Betrachtung der Endverankerung wäre für den allgemeinen Biegenachweis sehr unwirtschaftlich.

4.3 Verbundkraft am Zwischenrisselement (ZRE)

Für den Bereich zwischen den Biegerissen wird das sogenannte Zwischenrisselement (ZRE) eingeführt. An einem solchen Zwischenrisselement herrschen immer eine Grundlamellenkraft am niedriger beanspruchten Rissufer und diese Grundlamellenkraft mit einer zusätzlichen Lamellenkraft am höher beanspruchten Rissufer. Diese zusätzliche Lamellenkraft muss über Verbund ins Bauteil übertragen werden.
Experimentelle Untersuchungen haben nun gezeigt, dass der einfache bilineare Verbundansatz (vgl. Bild 2) nicht ausreicht die Verbundkraftübertragung am ZRE zu beschreiben. In Bereichen, in denen sich der Verbund schon mehr oder weniger entkoppelt hat, können noch Verbundkräfte über Reibung von der Lamelle auf den Beton übertragen werden. Dieser Reibeffekt muss daher beim ZRE zusätzlich im Verbundansatz mit berücksichtigt werden, vgl. Bild 3.

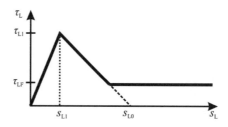

Bild 3: Erweiterter bilinearer Verbundansatz zur Berücksichtigung von Reibeffekten [10]

In der DAfStb-Richtlinie ist ein charakteristischer Wert für die Berücksichtigung des Reibeffektes angegeben.

Ein Vergleich experimentell ermittelter Tragfähigkeiten von Bauteilversuchen an verstärkten Balken und Platten mit der rechnerisch unter Berücksichtigung des erweiterten bilinearen Verbundansatzes (Bild 3) bestimmten Tragfähigkeiten zeigte jedoch noch keine gute Übereinstimmung. Insbesondere ergeben Bauteilversuche an Balken und Platten deutlich unterschiedliches Verbundverhalten, welches auf einen Bauteileffekt zurückgeführt werden muss (vgl. Bild 4).

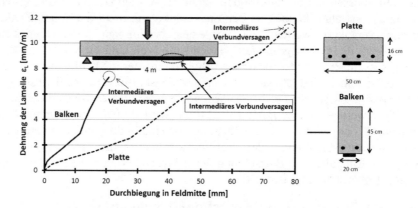

Bild 4: Durchbiegungs- und Dehnungsverhalten von zwei Bauteilversuchen an einem Balken und einer Platte im Vergleich

Dieser weitere Bauteileffekt muss für das Verbundmodell also berücksichtigt werden: Die Krümmung des Bauteils, die sowohl aus einer Vorkrümmung als auch einer Verkrümmung unter zusätzlicher Last resultieren kann, impliziert eine Kraft senkrecht zur Längsrichtung der Lamelle. Der Verbund- und Reibanteil wird somit durch den krümmungsbedingten Anpressdruck der Lamelle erhöht. Dieser Effekt muss im Verbundansatz für das ZRE mit berücksichtigt (vgl. Bild 5).

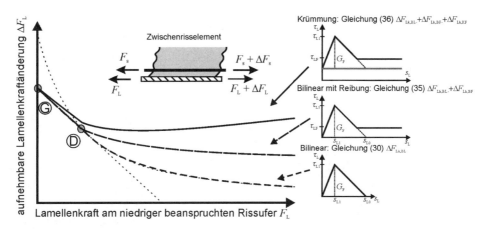

Bild 5: *Verbundmodell zur Berücksichtigung von Reibungs- und Krümmungseffekten am Zwischenrisselement (ZRE) aus [10]*

Dieser Verbundansatz, der die bauteilspezifischen Effekte mit berücksichtigt, ist den Bemessungsansätzen zum Nachweis des Verbundes aufgeklebte Lamellen in der DAfStb-Richtlinie zugrunde gelegt. Das Prinzip der Verbundkraftübertragung und der Nachweisführung ist in Bild 6 zusammenfassend dargestellt.

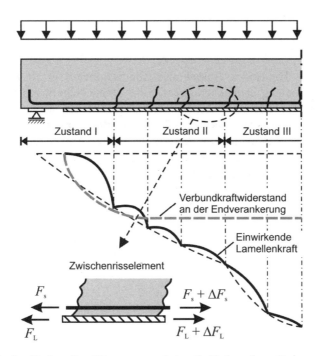

Bild 6: *Prinzip der Verbundkraftübertragung bei aufgeklebten Lamellen aus [10]*

4.4 Verifikation der Systemeffekte

Zur Überprüfung des Verbundmodells wurden Bauteilversuche durchgeführt, siehe [6] und Bild 7.

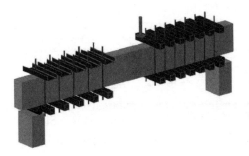 

Bild 7: Bauteilversuch zur Überprüfung des Verbundmodells am ZRE [6]

Die Bauteilversuche zeigten eine gute Übereinstimmung mit dem in der DAfStb-Richtlinie zugrunde gelegten Verbundmodell.

5 Ausblick

Die Richtlinie des Deutschen Ausschusses für Stahlbeton in Verbindung mit den zugehörigen allgemeinen bauaufsichtlichen Zulassungen schafft eine solide Basis für die Anwendung der Klebebewehrung. Die angegebenen Bemessungsregeln sind ausreichend wirklichkeitsnah, mechanisch verständlich und durch Bauteilversuche verifiziert. Sie lassen sich auch auf bisher nicht geregelte Anwendungsfälle übertragen. Damit ist grundsätzlich eine moderne Basis für diese Verstärkungsverfahren gegeben. Im Rahmen der Fortschreibung der Eurocodes wird zur Zeit erwogen, die Verstärkung von Stahlbeton- und Spannbetonbauteilen mit Klebebewehrung in einem Anhang des Eurocodes 2 EN 1992-1-1 in der nächsten Ausgabe (verbindliche Einführung 2020 beabsichtigt) zu berücksichtigen. Um den erreichten Fortschritt leichter in die internationale Diskussion einbringen zu können wurden die Richtlinie [20] als auch das Heft 595 mit den Erläuterungen und Beispielen [21] übersetzt, ebenso steht der Beitrag aus dem Betonkalender 2013 in englischer Sprache zur Verfügung [22].

Literatur

[1] Deutscher Ausschuss für Stahlbeton: Richtlinie „Verstärken von Betonbauteilen mit geklebter Bewehrung", Berlin, Beuth-Verlag 2012

[2] DIN 1045-1: Tragwerke aus Beton, Stahlbeton und Spannbeton - Teil 1: Bemessung und Konstruktion. Deutsches Institut für Normung 2001

[3] DIN EN 1992-1-1: Eurocode 2: Bemessung und Konstruktion von Stahlbeton- und Spannbetontragwerken – Teil 1-1: Allgemeine Bemessungsregeln für den Hochbau, Deutsche Fassung EN 1992-1-1:2004 + AC:2010. Deutsches Institut für Normung 2011

[4] DIN EN 1992-1-1/NA: Nationaler Anhang - National festgelegte Parameter - Eurocode 2: Bemessung und Konstruktion von Stahlbeton- und Spannbetontragwerken - Teil 1-1: Allgemeine Bemessungsregeln und Regeln für den Hochbau. Deutsches Institut für Normung 2011

[5] Zilch, K., Niedermeier, R., Finckh, W.: Sachstandbericht „Geklebte Bewehrung", DAfStb-Heft 591. Berlin: Beuth-Verlag 2011

[6] Zilch, K., Niedermeier, R., Finckh, W.: Praxisgerechte Bemessungsansätze für das wirtschaftliche Verstärken von Betonbauteilen mit geklebter Bewehrung - Verbundtragfähigkeit unter statischer Belastung, DAfStb-Heft 592. Berlin: Beuth-Verlag 2012

[7] Budelmann, H., Leusmann, T.: Praxisgerechte Bemessungsansätze für das wirtschaftliche Verstärken von Betonbauteilen mit geklebter Bewehrung - Verbundtragfähigkeit unter dynamischer Belastung, DAfStb-Heft 593. Berlin: Beuth-Verlag 2013

[8] Zilch, K., Niedermeier, R., Finckh, W.: Praxisgerechte Bemessungsansätze für das wirtschaftliche Verstärken von Betonbauteilen mit geklebter Bewehrung – Querkrafttragfähigkeit, DAfStb Heft 594. Berlin: Beuth-Verlag 2012

[9] DIN EN 1504-4: Produkte und Systeme für den Schutz und die Instandsetzung von Betontragwerken – Definitionen, Anforderungen, Qualitätsüberwachung und Beurteilung der Konformität – Teil 4: Kleber für Bauzwecke; Deutsche Fassung EN 1504-4: 2004, Deutsches Institut für Normung 2005

[10] Deutscher Ausschuss für Stahlbeton: Erläuterungen und Beispiele zur DAfStb-Richtlinie „Verstärken von Betonbauteilen mit geklebter Bewehrung", DAfStb-Heft 595. Berlin: Beuth-Verlag 2013

[11] Zilch, K., Niedermeier, R., Finckh, W.: Geklebte Bewehrung mit CFK-Lamellen und Stahllaschen, In: Betonkalender 2013, Teil 1, Seiten 469-552. Berlin: Verlag Ernst & Sohn 2013

[12] DIN EN 1992-1-2: Eurocode 2: Bemessung und Konstruktion von Stahlbeton- und Spannbetontragwerken – Teil 1-2: Allgemeine Regeln - Tragwerksbemessung für den Brandfall; Deutsche Fassung EN 1992-1-2:2004 + AC:2008. Deutsches Institut für Normung 2010

[13] DIN EN 1992-1-2/NA: Nationaler Anhang - National festgelegte Parameter - Eurocode 2: Bemessung und Konstruktion von Stahlbeton- und Spannbetontragwerken - Teil 1-2: Allgemeine Regeln – Tragwerksbemessung für den Brandfall. Deutsches Institut für Normung 2010

[14] DIN EN 1990: Eurocode: Grundlagen der Tragwerksplanung; Deutsche Fassung EN 1990:2002 + A1:2005 + A1:2005/AC:2010. Deutsches Institut für Normung 2010

[15] DIN EN 1990/NA: Nationaler Anhang - National festgelegte Parameter - Eurocode: Grundlagen der Tragwerksplanung. Deutsches Institut für Normung 2010

[16] Husemann, U.: Erhöhung der Verbundtragfähigkeit von nachträglich aufgeklebten Lamellen durch Bügelumschließung. Technische Universität Braunschweig, Dissertation, 2009

[17] Blaschko, M.: Zum Tragverhalten von Betonbauteilen mit in Schlitze eingeklebten CFK-Lamellen. Technische Universität München, Dissertation, 2001

[18] Deutsches Institut für Bautechnik: Allgemeine bauaufsichtliche Zulassung Z-35.12-83; Zulassungsgegenstand: Verstärken von Betonbauteilen mit schubfest aufgeklebten CFK-Gelegen nach der „DAfStb-Richtlinie Verstärken von Betonbauteilen mit geklebter Bewehrung" mittels des Tyfo Fibrwrap Carbon Composite System: Tyfo SCH-41 und Tyfo SCH-11UP in Verbindung mit Tyfo S Epoxy, Geltungsdauer vom 31. Dezember 2013 bis 31. Dezember 2018, Antragsteller: FYFE EUROPE SA

[19] Deutsches Institut für Bautechnik: Allgemeine bauaufsichtliche Zulassung Z-35.12-86; Zulassungsgegenstand: Bausatz StoCrete zum Verstärken von Stahl- und Spannbetonbauteilen durch schubfest aufgeklebte CFK-Lamellen nach der „DAfStb-Verstärkungs-Richtlinie, Geltungsdauer vom 1. Januar 2015 bis 1. Januar 2020, Antragsteller: StoCretec GmbH

[20] Deutscher Ausschuss für Stahlbeton (German Committee for Structural Concrete): Guideline: Strengthening of Concrete Members with Adhesively Bonded Reinforcement, English Version. Berlin: Beuth-Verlag 2014

[21] Deutscher Ausschuss für Stahlbeton (German Committee for Structural Concrete): Commentary on the DAfStb Guideline „Strengthening of Concrete Members with Adhesively Bonded Reinforcement with Examples". Deutscher Ausschuss für Stahlbeton, Report 595 English Version. Berlin: Beuth-Verlag 2014

[22] Zilch, K., Niedermeier, R., Finckh, W.: Strengthening of Concrete Structures with Adhesively Bonded Reinforcement, BetonKalender Series. Berlin: Verlag Ernst & Sohn 2014

Verbundbauteile unter nicht vorwiegend ruhender Belastung

Johannes Furche

1 Einleitung

Bauteile erfahren während ihrer Nutzungsdauer unterschiedlich hohe Belastungen. Treten solche Lastwechsel häufig auf, kann eine Schädigung auch dann eintreten, wenn die maximale Belastung unterhalb der statischen Festigkeit des Bauteils liegt. Treten große Lastwechselzahlen insbesondere in Verbindung mit gleichzeitig hoher Belastung auf, ist daher ein Nachweis gegen Ermüdung zu führen. Nach Eurocode 2 [1] in Verbindung mit dem nationalen Anhang [2] liegt eine „nicht vorwiegend ruhende Einwirkung" z. B. bei Gabelstaplerbelastung und Verkehrslasten auf Brücken vor. Für Stahlbetonbauteile nach Eurocode 2 ist der Ermüdungsnachweis für die Komponenten Beton und Bewehrungsstahl getrennt zu führen.

Auch Verbundbauteile aus Fertigteilen mit Ortbetonergänzung werden in der Norm geregelt. Unabhängig davon, ob ein Ermüdungsnachweis erforderlich wird, ist der Tragwiderstand der Verbundfuge zwischen den Betonierschichten nachzuweisen. Im Fall einer Ermüdungsbeanspruchung darf der Haftverbund nach Eurocode 2 [1] nur zur Hälfte und nach nationalem Anhang [2] gar nicht angerechnet werden.

Elementdecken mit Gitterträgern wurden bereits vor Jahren in Bauteilversuchen unter Ermüdungsbeanspruchung geprüft. Diese Versuche dienten der Herleitung von Bemessungsregeln. Spezielle Gitterträger z. B. nach Bild 1 wurden für diesen Anwendungsfall zugelassen. Die Zulassung [3] legt konstruktive Randbedingungen fest und regelt die erforderlichen Nachweise. Das Nachweisformat weicht in einzelnen Punkten vom Eurocode 2 ab.

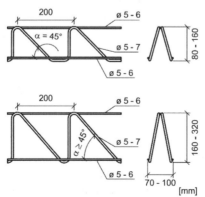

Bild 1: EQ-Gitterträger [3] auch für nicht vorwiegend ruhende Belastung zugelassen

---

Dr.-Ing. Johannes Furche, Filigran Trägersysteme, Leese

2 Regelungen nach Eurocode 2

2.1 Verbund- und Querkraftnachweis

Der Eurocode 2 [1], [2] unterscheidet zwischen gering belasteten Bauteilen ohne rechnerisch erforderliche Querkraftbewehrung und höher belasteten Bauteilen mit rechnerisch erforderlicher Querkraftbewehrung (Schubbewehrung). Eine erforderliche Querkraftbewehrung, welche im Fall von Elementdecken auch Gitterträgerdiagonalen sein können, ist entsprechend dem Fachwerkmodell über die gesamte Bauteildicke zu führen.

Bei Verbundbauteilen ist zusätzlich die Schubkraftübertragung in der Fuge nachzuweisen. Reicht die Rauheit der Fuge alleine nicht aus, um die Schubspannung zwischen den zwei Abschnitten zu übertragen, wird nach dem zugrunde gelegten Schubreibungsmodell eine Verbundbewehrung erforderlich. Ist diese Verbundbewehrung nicht gleichzeitig Querkraftbewehrung, muss sie nicht über die gesamte Bauteildicke geführt werden. Bei Bauteilen mit Gitterträgern bilden deren Diagonalen diese Verbundbewehrung. Erläuterungen zur Bemessung im Fall der ruhenden Belastung finden sich in [4] und werden daher hier nur verkürzt widergegeben.

2.2 Nachweis der Verbundfuge

Der Bemessungswiderstand der Verbundfuge setzt sich additiv aus der Adhäsion, der Reibung infolge äußerer Normalkraft und dem Traganteil der Verbundbewehrung zusammen. Diese Traganteile nach Gleichung (6.25) aus Eurocode 2 sind in Bild 2 dargestellt. Im Nationalen Anhang [2] zu dieser Norm, der in Deutschland bindend ist, wurde die Reibungskomponente der Verbundbewehrung mit dem Faktor 1,2 erhöht.

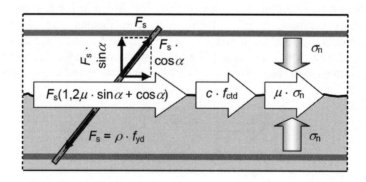

Bild 2: Traganteile in der Verbundfuge nach [5]

$$v_{Rdi} = c \cdot f_{ctd} + \mu \cdot \sigma_n + \rho \cdot f_{yd} \cdot (1{,}2 \cdot \mu \cdot \sin\alpha + \cos\alpha) \leq 0{,}5 \cdot \nu \cdot f_{cd} \quad (6.25)$$

mit c, μ, ν Beiwerte abhängig von der Fugenrauheit (Tabelle 1)
f_{ctd} Bemessungswert der Betonzugfestigkeit
σ_n Normalspannung senkrecht zur Fuge (hier Druckspannung positiv)
   mit $\sigma_n < 0{,}6 f_{cd}$
α Neigungswinkel der Verbundbewehrung

Tabelle 1: Beiwerte zur Fugenbemessung nach Nationalem Anhang [2]zum Eurocode 2

1	Fugenbeschaffenheit	c [5]	μ	ν [2]
2	sehr glatt	0 [1]	0,5	0 [3]
3	glatt	0,2 [4]	0,6	0,2
4	rau	0,4 [4]	0,7	0,5
5	verzahnt	0,5	0,9	0,7

1) nach [2] müssen höhere Beiwerte durch entsprechende Nachweise begründet sein
2) nach [2] sind für Betonfestigkeitsklassen ≥ C55/67 alle ν-Werte mit $\nu_2 = (1,1\text{-}f_{ck}/500)$ zu multiplizieren
3) nach [2] darf der Reibungsanteil $\mu \cdot \sigma_n$ bis $0,1 f_{cd}$ ausgenutzt werden
4) bei Zugspannungen senkrecht zur Fuge gilt nach [2] $c = 0$
5) bei dynamischer oder Ermüdungsbeanspruchung darf nach [2] der Adhäsionsanteil nicht berücksichtigt werden: $c = 0$

Im Fall einer Ermüdungsbeanspruchung ist nach Eurocode 2 [1] der Adhäsionsanteil zu halbieren, nach nationalem Anwendungsdokument [2] darf kein Haftverbund angesetzt werden, d. h. es gilt $c = 0$. Nach [6] zeigen Forschungsergebnisse, dass der Ansatz einer Halbierung des Haftverbundes infolge einer Ermüdungsbeanspruchung bei unbewehrten Fugen „in die richtige Richtung geht". Kleinkörperversuche mit bewehrten Fugen deuten jedoch darauf hin, dass der Betontraganteil noch stärker abfallen kann [6]. Trotz konservativem Normenansatz [2] mit $c = 0$ wird in [6] bei ermüdungswirksamer Beanspruchung mindestens eine raue Fugenoberfläche empfohlen.

Das Bemessungsmodell nach nationalem Anwendungsdokument [2] geht im Fall einer Ermüdungsbeanspruchung von einem aufgelösten Haftverbund aus und weist bei Fugen ohne Druckspannungen senkrecht zur Fuge der Verbundbewehrung die gesamte Kraft in der Fuge zu. Dadurch wird mehr Verbundbewehrung erforderlich als bei vorwiegend ruhender Belastung.

Die Obergrenze nach Gleichung (6.25) wurde in Tabelle 2 ausgewertet. Sie gilt für den Fall einer vorwiegend ruhenden Belastung. Für den Fall einer nicht vorwiegend ruhend belasteten Verbundfuge enthält der Eurocode 2 [1], [2] keine gesonderten Angaben.

Tabelle 2: Maximale Schubspannung [N/mm²] in der Verbundfuge nach Gleichung (6.25)

1		C20/25	C25/30	C30/37	C35/45	C40/50	C45/55	C50/60
2	raue Fuge	2,8	3,5	4,3	5,0	5,7	6,4	7,1
3	verzahnte Fuge	4,0	5,0	6,0	6,9	7,9	8,9	9,9

2.3 Bauteile ohne erforderliche Querkraftbewehrung

Für Bauteile ohne erforderliche Querkraftbewehrung gilt für den Fall der vorwiegend ruhenden Belastung der maximale Querkraftwiderstand $V_{Rd,c}$ nach Eurocode 2 [1], [2]. Für den Fall einer Ermüdungsbeanspruchung wird darüber hinaus abhängig von der aufgebrachten Schwingbreite bzw. der Unterspannung eine reduzierte Obergrenze angegeben. Ein ausreichender Widerstand gegen Ermüdung schubunbewehrter Bauteile bei Querkraftbeanspruchung darf als gegeben angesehen werden, wenn Gleichung (6.78) bzw. (6.79) der Norm eingehalten sind. Für Betondruckfestigkeiten f_{ck} bis 50 N/mm² und einwirkende Querkräfte mit jeweils positivem Vorzeichen ergibt sich die maximal einwirkende Querkraft $V_{Ed,max}$ in Abhängigkeit von der minimal einwirkenden Querkraft $V_{Ed,min}$ nach Ungleichung (6.78a).

$$V_{Ed,max} \leq 0{,}5 \cdot V_{Rd,c} + 0{,}45 \cdot V_{Ed,min} \leq 0{,}9 \cdot V_{Rd,c} \tag{6.78a}$$

Der vorgenannte Nachweis erfasst nach [7] etwa die empirisch ermittelte Wöhlerlinie für Bauteile ohne Querkraftbewehrung bei 10^7 Lastwechseln.

2.4 Bauteile mit erforderlicher Querkraftbewehrung

2.4.1 Nachweis der Querkraftbewehrung

Für den Nachweis von Bauteilen mit erforderlicher Querkraftbewehrung gelten im Fall geneigter Schubbewehrung die Gleichungen (6.13) und (6.14) aus Eurocode 2 [1, 2]. Gleichung (6.13) bestimmt den Bemessungswiderstand $V_{Rd,s}$ der Bewehrung und Gleichung (6.14) den Bemessungswiderstand $V_{Rd,max}$ der Betondruckstrebe. Beide Widerstände müssen größer als die einwirkende Bemessungsquerkraft V_{Ed} sein.

$$V_{Rd,s} = (A_{sw} / s) \cdot z \cdot f_{ywd} \cdot (\cot\theta + \cot\alpha) \cdot \sin\alpha \tag{6.13}$$

$$V_{Rd,max} = b_w \cdot \nu_1 \cdot z \cdot f_{cd} \cdot (\cot\theta + \cot\alpha) / (1 + \cot^2\theta) \tag{6.14}$$

mit A_{sw} Querschnittsfläche der Querkraftbewehrung (Diagonalenquerschnitt)
     s Abstand der Diagonalen
     z innerer Hebelarm
     f_{ywd} Bemessungsstreckgrenze der Querkraftbewehrung
           bei glatten Gitterträgerdiagonalen gilt f_{ywd} = 420 N/mm² / 1,15 = 365 N/mm²
     α Neigung der Querkraftbewehrung (Diagonalenneigung)
           mit 45° ≤ α ≤ 90° bei rechnerisch erforderlicher Querkraftbewehrung
     b_w kleinste Querschnittsbreite
     ν_1 Abminderungsbeiwert für die Betonfestigkeit bei Schubrissen
           für Betongüten bis C50/60 gilt ν_1 = 0,75
     f_{cd} Bemessungswert der Betondruckfestigkeit
           mit $f_{cd} = 0{,}85 f_{ck} / \gamma_c$
     θ Neigung der Betondruckstrebe

Für die Neigung θ der Betondruckstrebe gilt im Fall der vorwiegend ruhenden Belastung die Gleichung (6.7aDE) nach Eurocode 2 [2], wenn nicht vereinfachend z. B. für Bauteile mit reiner Biegung $\cot\theta$ = 1,2 angesetzt wird.

$$1{,}0 \leq \cot\theta \leq (1{,}2 + 1{,}4 \cdot \sigma_{cd} / f_{cd}) / (1 - V_{Rd,cc} / V_{Ed}) \leq 3{,}0 \tag{6.7aDE}$$

$V_{Rd,cc}$ nach Eurocode 2 [2]

σ_{cd} Bemessungswert der Betonlängsspannung (hier: Zugspannungen negativ); nach Gitterträgerzulassung z. B. [3] darf eine Längsdruckspannung nicht berücksichtigt werden

Auch im Fall einer Ermüdungsbeanspruchung darf in bestimmten Grenzen eine flachere Druckstrebenneigung als 45° angesetzt werden. Allerdings gilt bei einer Ermüdungs-beanspruchung für die Grenzneigung die Gleichung (6.65).

$$\tan\theta_{fat} = \sqrt{\tan\theta} \leq 1{,}0 \tag{6.65}$$

Im Vergleich zum Nachweis bei vorwiegend ruhender Belastung ergibt sich nach Gleichung (6.65) eine steilere Druckstrebe und eine höhere Beanspruchung der Schubbewehrung. Daraus resultiert eine größere Menge an erforderlicher Querkraftbewehrung.

2.4.2 Nachweis der Betondruckstrebe

Für den Nachweis der Betondruckstrebe ist nach DAfStb Heft 600 [5] auch im Fall einer Ermüdungsbeanspruchung die flache Betondruckstrebe θ für ruhende Belastung anstelle der steileren Neigung θ_{fat} nach Gleichung (6.65) anzusetzen. Dadurch wird die Querkraftobergrenze auf das Niveau wie bei vorwiegend ruhender Belastung begrenzt.

Im Fall einer Ermüdungsbeanspruchung ist die Betondruckstrebe gesondert nachzuweisen. Für Betondruckfestigkeiten f_{ck} bis 50 N/mm² und reiner Druckschwellbeanspruchung gilt für die maximal einwirkende Druckspannung $\sigma_{c,max}$ in Abhängigkeit von der minimal einwirkenden Druckspannung $\sigma_{c,min}$ die Ungleichung (6.77a).

$$\sigma_{c,max} \leq 0{,}5 \cdot f_{cd,fat} + 0{,}45 \cdot \sigma_{c,min} \leq 0{,}9 \cdot f_{cd,fat} \tag{6.77a}$$

Gitterträger als Querkraftbewehrung gelten nach Zulassung wie aufgebogene Längsstäbe. Nach Eurocode 2 [1], Abschnitt 9.3.2 darf in Platten mit $V_{Ed} \leq 1/3\, V_{Rd,max}$ die Querkraftbewehrung vollständig aus aufgebogenen Stäben oder Querkraftzulagen bestehen. Im Umkehrschluss gilt bei Schubbewehrung allein aus diesen Bewehrungen die vorgenannte gedrittelte Obergrenze. Wird diese Querkraftobergrenze bemessungsrelevant, ist die Druckstrebe entsprechend steil zu wählen. Dieses erhöht die erforderliche Schubbewehrung bei Annäherung an die Obergrenze überproportional.

3   Regelungen nach Zulassungen für Gitterträger

3.1   Experimentelle Untersuchungen

In den 1980er und 1990er Jahren wurden zur Herleitung von Anwendungs- und Bemessungsregeln Versuche an Verbundbauteilen mit Gitterträgern sowie Dauerschwingversuche an Gitterträgerausschnitten durchgeführt. Diese Untersuchungen waren auch Basis späterer Zulassungen auf der Grundlage von DIN 1045-1 und Eurocode 2. Hinweise aus [8], [9] auf typische Versuche [10], [11] werden hier zum Verständnis der aktuellen Regelung kurz widergegeben.

Die Bauteilversuche nach [10] wurden als Vier-Punkt-Biegeversuch durchgeführt (Bild 3). Als Schubbewehrung wurden verwendet Filigran-EQ-Gitterträger mit Bauhöhe 10 cm, Gurtdurchmesser 5 mm und Diagonalendurchmesser 7 mm. Gitterträger dieser Abmessung sind auch in der gültigen Zulassung [3] erfasst und entsprechen in dieser Durchmesserkombination der heute üblichen Anwendung. Die damaligen Anforderungen an die mechanischen Kennwerte der verwendeten glatten Bewehrungsdrähte entsprechen praktisch denen heutiger Zulassungen.

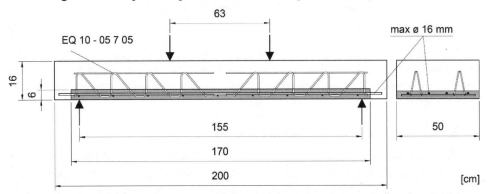

Bild 3: Bauteilversuch [10] mit EQ-Gitterträgern unter Ermüdungsbeanspruchung

Die zwei Versuchskörper nach [10] wurden in Einstufenversuchen 2 Millionen Lastwechsel unterworfen. Die Schubspannung bei Oberlast entsprach etwa 50% der zulässigen Querkraftobergrenze bei vorwiegend ruhender Belastung für schubbewehrte Biegebauteile nach damaliger Bemessungsnorm DIN 1045.

Die Fertigteilplatten der Versuchskörper wurden mit einem weichen Beton (Ausbreitmaß 45 cm) hergestellt und deren Oberfläche wurde nicht aufgeraut. Durch den Verzicht auf eine mechanische Aufrauhung lag nach Zulassung bereits eine nicht bedingungsgemäße Fugenrauheit vor. Zudem wurde in einem Versuch die Fertigteilplatte vor dem Aufbringen der Ortbetonschicht mit Schalöl (0,2 l/m^2) eingepinselt. Hierdurch sollte eine Prüfung bei gestörtem bzw. aufgelöstem Fugenverbund erfolgen.

Die Versuche waren so konzipiert, dass bei gestörtem Fugenverbund eine rechnerische Spannungsschwingbreite in den Gitterträgerdiagonalen von 2 σ_a = 180 N/mm^2 einwirkte. In dem zweiten Versuch ohne Schalöl als Verbundstörer betrug die rechnerische Spannungsschwingbreite 2 σ_a = 230 N/mm^2.

Trotz teilweise aufgelöstem Fugenverbund versagten beide Bauteile während der Ermüdungsbeanspruchung nicht. Im Anschluss an die Versuche zur Ermittlung der Resttragfähigkeit wurden die Versuchskörper aufgebrochen. Es zeigten sich Ermüdungsbrüche der Gitterträgeruntergurte in der Nähe der Schweißpunkte. Die Diagonalen selbst versagten nicht.

Zusätzlich zu den Bauteilversuchen wurden Ermüdungsversuche an Gitterträgerdiagonalen durchgeführt. Hierzu wurden Diagonalen mit angeschweißten Gurtstücken aus Gitterträgern herausgetrennt und in Betonwürfel verankert (Bild 4). An den freien

Enden wurden wechselnde Zugspannungen aufgebracht, um die Ermüdungsfestigkeiten der Diagonalen zu ermitteln. In 17 Versuchen wurden unterschiedliche Schwingbreiten zwischen 170 N/mm² und 130 N/mm² in Einstufenversuchen geprüft. Dabei traten in 15 Versuchen Ermüdungsbrüche der Diagonalen in der Nähe der Schweißpunkte auf. In [11] wurde hieraus für 2 Millionen Lastwechsel eine ertragbare Schwingbreite der Diagonalen im Sinne einer 10%-Quantile von 80 N/mm² abgeleitet. Später wurde mit Einführung von Teilsicherheitsfaktoren der 1,15fache Wert als Widerstand für die Spannungsschwingbreite $\Delta\sigma_{Rsk} = 92$ N/mm² bei $2 \cdot 10^6$ Lastwechsel in der Zulassung [3] festgelegt.

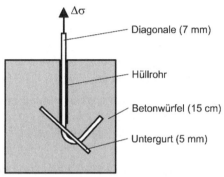

Bild 4: Dauerschwingversuche an Gitterträgerdiagonalen nach [10]

3.2 Anwendungsbedingungen

In den Zulassungsversuchen [10] erfolgte kein Aufrauen der Fertigteiloberfläche. Auf der sicheren Seite wird dennoch im Fall einer nicht vorwiegend ruhenden Belastung die Ausführung einer rauen Verbundfuge gefordert [3]. Aufgrund der Ergebnisse und der geprüften Parameter in den Zulassungsversuchen wurden folgende Anwendungsbedingungen festgeschrieben:

- Einsatz gesondert zugelassener Gitterträger (z. B. EQ nach [3])
- Verbundfuge rau
- Mindestdicke der Fertigteilplatte 6 cm
- Mindesthöhe der Gitterträger 10 cm
- Maximaler Durchmesser der Biegezugbewehrung 16 mm
- Biegezugbewehrung nicht gestaffelt
- Gitterträger nicht als Biegezugbewehrung anrechenbar

3.3 Bemessungskonzept

In Bauteilversuchen ertrugen die Diagonalen deutlich höhere rechnerische Spannungsschwingbreiten als jene, welche in den Materialprüfungen zum Versagen führten. Daraus wurde geschlossen, dass die Querkraftbewehrung im Verbundbauteil nur einen Bruchteil dessen erfährt, was sich rechnerisch aus einem Fachwerkmodel mit 45° Druckstrebenneigung ergibt. Frühere Bemessungsansätze reduzierten daher die ermüdungswirksame Einwirkung mit dem Faktor 0,6 [8], [9].

In der Zulassung [3] wird für den Widerstand Δv_{Rdi} der Spannungsschwingbreite der Verbundbewehrung die Gleichung (1) angegeben.

$$\Delta v_{Rdi} = \rho \cdot \Delta \sigma_{RSk} / \gamma_{s,fat} \cdot (1{,}4 \cdot \sin\alpha + 1{,}67 \cdot \cos\alpha) \tag{1}$$

mit ρ = Verbundbewehrungsgrad

$\Delta\sigma_{RSk} = 92$ N/mm^2

$\gamma_{s,fat} = 1{,}15$

Gleichung (1) kann aus Gleichung (6.25) hergeleitet werden. Hierzu ist die Adhäsion und die Normalspannung zu Null, der Reibungsbeiwert für eine raue Fuge ($\mu = 0{,}7$) anzusetzen und anstelle der Bemessungsstreckgrenze f_{yd} ist $\Delta\sigma_{RSk}/\gamma_{s,fat}$ einzusetzen sowie der gesamte Widerstand mit dem reziproken Faktor von 0,6 zu erhöhen. Dieser Ansatz kann interpretiert werden als Ermüdungsnachweis der Verbundbewehrung für 60% der ermüdungswirksamen Schubspannung.

Werden die Gitterträgerdiagonalen als Querkraftbewehrung erforderlich, ist zusätzlich der Ermüdungsnachweis nach Abschnitt 2.4.1 zu führen. Die aus beiden Nachweisen maximal resultierende Bewehrungsmenge ist einzubauen, eine Addition ist nicht erforderlich.

In der geltenden Zulassung [3] ist zusätzlich zur Gleichung (6.25) bzw. Tabelle 2 eine Schubspannungsobergrenze abhängig von der Betongüte angegeben. Diese Grenze wurde eingeführt, um die Anwendung von Platten auf bisher übliche Belastung nach älteren Normen zu begrenzen. Die danach geltenden Grenzen (Tabelle 3) sind im Fall einer nicht vorwiegend ruhenden Belastung auf 50% zu reduzieren. Diese Reduktion entspricht als Näherung der relativen Obergrenze in den Bauteilversuchen. Die Begrenzung der Schubspannung nach Tabelle 3 erübrigt im Falle einer Ermüdungsbeanspruchung einen zusätzlichen Nachweis der Betondruckstrebe nach Gleichung (6.77a).

Tabelle 3: Maximale Schubspannung $v_{Rdi,max}$ [N/mm^2] in der Verbundfuge nach [3]

1		C20/25	C25/30	C30/37	C35/45	C40/50	C45/55	C50/60
2	vorwiegend ruhende Belastung	2,4	2,8	3,3	3,6	3,8	4,0	4,1
3	nicht vorwiegend ruhende Belastung	1,2	1,4	1,65	1,8	1,9	2,0	2,05

4 Bemessung von Elementdecken mit Gitterträgern

4.1 Bemessungsbeispiel

4.1.1 Eingangswerte

Zur Erläuterung der Nachweisformate nach Zulassung wird nachfolgend die Verbund- und Querkraftbemessung am Beispiel dargelegt. Gleichungsnummern, welche im diesem Beitrag nicht aufgeführt sind finden sich im Eurocode 2 [1], [2]. Als Parameter werden gewählt:

Betongüte:	C 20/25
Betondeckung:	$c_u = c_o = 2$ cm
Plattendicke:	$h = 22$ cm
Statische Höhe:	$d = 18$ cm
Längsbewehrungsgrad:	$\rho_l = 0{,}002$ (0,2 %)
Einwirkende Entwurfsquerkraft:	$V_{Ed} = 1{,}35 \cdot 17{,}8$ kN $+ 1{,}5 \cdot 64$ kN $= 120$ kN

4.1.2 Nachweise für vorwiegend ruhende Belastung

Nach Eurocode 2 ist Schubbewehrung erforderlich, wenn die einwirkende Querkraft über dem Querkraftwiderstand schubunbewehrter Platten nach Gleichung (6.2) liegt.

$V_{Rd,c} = 0{,}10 \cdot k \cdot (100 \cdot \rho_l \cdot f_{ck})^{1/3} \cdot b_w \cdot d = 0{,}1 \cdot 2 \cdot (0{,}2 \cdot 20)^{1/3} \cdot 1000 \cdot 180$ (6.2a)

$V_{Rd,c} = 57.146$ [N]

bzw. mindestens

$V_{Rd,c} = 0{,}0525/1{,}5 \cdot k^{3/2} \cdot f_{ck}^{1/2} \cdot b_w \cdot d = 0{,}0525/1{,}5 \cdot 2^{3/2} \cdot 20^{1/2} \cdot 1000 \cdot 180$ (6.2b)

$V_{Rd,c} = 79.689$ [N]

$V_{Ed} = 120$ kN $> V_{Rd,c} = 79{,}7$ kN

Es gilt für die Verbundbemessung ein Hebelarm von $z = 180$mm $- 2 \cdot 20$mm $= 140$mm und es folgt für die einwirkende Bemessungsschubspannung

$v_{Ed} = V_{Ed} / z = 120 / 140 = 0{,}86$ [N/mm^2] (6.24)

Nachweis der Verbund- und Querkraftbewehrung für die maximale Querkraft:

EQ-Träger mit $\alpha_1 = 64°$ (auf der sicheren Seite und zum Vergleich mit Tabelle 4) und Diagonalenabstand 200 mm. Der rechnerische Trägerabstand wird zunächst zu 33 cm gewählt.

$A_s = 2 \cdot 72 \cdot \pi/4 = 77$ mm^2

$\rho = 77$ mm^2 / (330 mm $\cdot$ 200 mm)

$\rho = 0{,}117\%$

Nachweis als Verbundbewehrung:

$v_{Rdi} = c \cdot f_{ctd} + \rho \cdot f_{yd} \cdot (1{,}2 \cdot \mu \cdot \sin\alpha_1 + \cos\alpha_1 + 1{,}2 \cdot \mu \cdot \sin 90°) \leq 0{,}5 \cdot \nu \cdot f_{cd}$ (6.25)

$v_{Rdi} = 0 + 0{,}00117 \cdot 420/1{,}15 \cdot (1{,}2 \cdot 0{,}7 \cdot \sin 64° + \cos 64° + 1{,}2 \cdot 0{,}7 \cdot \sin 90°)$

(hier mit Streckgrenze f_y = 420 N/mm² für glatte Diagonalen)

$\leq 0{,}5 \cdot 0{,}5 \cdot 0{,}85 \cdot 20/1{,}5$

$v_{Rdi} = 0{,}87$ N/mm² $\leq 2{,}4$ N/mm² = $v_{Rdi,max}$ (Tabelle 3, Zeile 2)

$v_{Ed} = 0{,}86$ N/mm² $\leq v_{Rdi} = 0{,}87$ N/mm²

Nachweis als Schubbewehrung:

Ermittlung der Druckstrebenneigung nach Eurocode Gleichung (6.7aDE):

$\cot\theta \leq 1{,}2 / (1 - v_{Rd,cc} / v_{Ed}) = 1{,}2 / (1 - 0{,}5 \cdot 0{,}48 \cdot 20^{1/3} / 0{,}86) = 4{,}95$

$\cot\theta \leq 3$

$\cot\theta_{fat} = \sqrt{\cot\theta} = \sqrt{3} = 1{,}73$

Für EQ-Gitterträger [3] mit $\alpha_1 < 90°$ und $\alpha_2 = 90°$ gilt Gleichung (6.8) bzw. (6.13) aus Eurocode 2:

$V_{Rd,s} = (A_{sw} / s) \cdot z \cdot f_{ywd} \cdot ((\cot\theta + \cot\alpha_1) \cdot \sin\alpha_1 + \cot\theta)$

$V_{Rd,s} = ((77 / 0{,}33) / 200) \cdot 140 \cdot 420/1{,}15 \cdot ((1{,}73 + \cot 64°) \cdot \sin 64° + 1{,}73)$

$V_{Rd,s} = 1{,}166 \cdot 51130 \cdot (1{,}99 + 1{,}73) = 221.777$ [N]

Hieraus ergibt sich ein maximaler rechnerischer Trägerabstand von:

max r = 222 kN / 120 kN · 33 cm = 61 cm

Für erforderliche Schubbewehrung gilt jedoch ein maximaler Trägerabstand von 40 cm.

Der Nachweis der Obergrenze nach Tabelle 3, Zeile 3 ist erfüllt:

$v_{Ed} = 0{,}86$ N/mm² $\leq 1{,}2$ N/mm² = $0{,}5\, v_{Rdi,max}$

Ein zusätzlicher Nachweis der Betondruckstrebe erübrigt sich.

4.1.3 Ermüdungsnachweis

Der Ermüdungsnachweis wird auf der Einwirkungsseite mit $\gamma_{F,fat}$ = 1,0 geführt.

Nachweis der Verbundbewehrung:

$v_{Ed,fat} = 1{,}0 \cdot 64.000$ N / 140mm / 1000mm = 0,46 N/mm²

Maximaler Gitterträgerabstand r abgeschätzt aus Bemessung für vorwiegend ruhender Belastung:

max $r = v_{Rdi} / v_{Ed,fat} \cdot \Delta\sigma_{Rsk} / f_{yk} \cdot 1/0{,}6 \cdot r_{ruhend}$

max $r = 0{,}87 / 0{,}46 \cdot 92/420 \cdot 1/0{,}6 \cdot 33$ cm

max r = 22,7 cm

$\rho = 77\,\text{mm}^2 / (200\,\text{mm} \cdot 227\,\text{mm}) = 0{,}00170$

Nachweis des Widerstandes (Schwingbreite der Diagonalen) nach Gleichung (1) für die Kombination von geneigten und senkrechten Streben:

$\Delta v_{Rd,fat} = \rho \cdot \Delta\sigma_{Rsk}/\gamma_{S,fat} \cdot (1{,}4 \cdot \sin\alpha + 1{,}67 \cdot \cos\alpha + 1{,}4)$

$\Delta v_{Rd,fat} = 0{,}00170 \cdot 92/1{,}15 \cdot (1{,}4 \cdot \sin 64° + 1{,}67 \cdot \cos 64° + 1{,}4) = 0{,}46\,\text{N/mm}^2$

$v_{Ed,fat} = 0{,}46\,\text{N/mm}^2 \leq \Delta v_{Rd,fat} = 0{,}46\,\text{N/mm}^2$

Nachweis der Schubbewehrung:

$V_{Ed,fat} = 1{,}0 \cdot 64.000\,\text{N}$

Bemessungswert (Widerstand) der Stahltragfähigkeit:

$V_{Rd,s,fat} = (A_{sw} / s) \cdot z \cdot f_{yd,fat} \cdot ((\cot\theta + \cot\alpha_1) \cdot \sin\alpha_1 + \cot\theta)$ \hfill (6.8 / 6.13)

Die Druckstrebenneigung θ_{fat} aus dem Grenzzustand der Tragfähigkeit:

$\tan\theta_{fat} = \sqrt{\tan\theta} = \sqrt{1/3} = 0{,}58$ \hfill (6.65)

oder entsprechend $\cot\theta_{fat} = 1{,}73$

$V_{Rd,s,fat} = ((77 / 0{,}23) / 200) \cdot 140 \cdot 92/1{,}15 \cdot ((1{,}73 + \cot 64°) \cdot \sin 64° + 1{,}73)$

$V_{Rd,s,fat} = 1{,}674 \cdot 11200 \cdot (1{,}99 + 1{,}73) = 69.746\,[\text{N}]$

$V_{Ed,fat} = 64{,}0\,\text{kN} \leq V_{Rd,s,fat} = 69{,}7\,\text{kN}$

Fazit:

Maßgebend für den Gitterträgerabstand wird hier der Schwingbreitennachweis als Verbundbewehrung!

4.2 Bemessungstabelle

Zur Vereinfachung der Verbund- und Querkraftbemessung von Elementdecken mit EQ-Gitterträgern auf der Grundlage der Zulassung [3] kann die Tabelle 4 dienen. Für den Fall einer Ermüdungsbeanspruchung gibt sie die maximalen Gitterträgerabstände abhängig von der einwirkenden Schubspannung v_{Ed} und dem Verhältnis $\Delta V_{Ed}/V_{Ed}$ aus der nicht ruhenden Belastung zur Gesamtlast an. Diese Werte sind als Eingangswerte für die Tabelle 4 jeweils mit den Teilsicherheitsbeiwerten für ruhende Lasten anzusetzen. Als Ergebnis wird jeweils der kleinste Trägerabstand aus dem Nachweis der Verbundfuge und einer ggfs. erforderlichen Querkraftbewehrung angegeben.

Die Gitterträgerabstände wurden für eine Neigung der EQ-Diagonalen $\alpha_1 = 64°$ (Gitter-trägerhöhe 30 cm) ermittelt. Im Hinblick auf die erforderliche Bewehrung bzw. im Hinblick auf den maximal zulässigen Gitterträgerabstand liegt dieser Ansatz für niedrigere Gitterträger bis zu maximal 5% auf der sicheren Seite.

In Tabelle 4 wurde die Mindestbetongüte zur Einhaltung der Querkraftobergrenze nach Tabelle 3 eingetragen. Damit lässt sich die erforderliche Betongüte in Abhängigkeit von der einwirkenden Schubspannung ablesen.

Die Betongüte hat nach Gleichung (1) keinen Einfluss auf die erforderliche Menge an Verbundbewehrung. Sie hat einen Einfluss auf die erforderliche Schubbewehrung. Der Nachweis der Schubbewehrung wird jedoch nur bei höherer Schubspannung (bei C30/37 ab 1,5 N/mm^2) maßgebend (markierter Bereich in Tabelle 4). Dieser Nachweis wurde mit der jeweils geringsten zulässigen Betongüte geführt. Dieser Ansatz liegt gegenüber der Anwendung höherer Betonfestigkeitsklassen geringfügig auf der sicheren Seite.

In Tabelle 4 sind Gitterträgerabstände größer 40 cm durch Hinterlegung markiert. Sollen diese großen Abstände ausgenutzt werden, ist zusätzlich nachzuweisen, dass keine Querkraftbewehrung (Schubbewehrung) erforderlich ist.

Die Anwendung der Tabelle 4 wird am Beispiel nach Abschnitt 4.1 erläutert:

Einwirkende Entwurfsquerkraft:

$V_{Ed} = 1{,}35 \cdot 17{,}8 \text{ kN} + 1{,}5 \cdot 64 \text{ kN} = 120 \text{ kN}$

$v_{Ed} = V_{Ed} / z = 120 / (180\text{-}2\cdot 20) = 0{,}857 \text{ [N/mm}^2\text{]}$

Anteil aus nicht ruhender Last:

$\Delta V_{Ed} = 1{,}5 \cdot 64 \text{ kN} = 96 \text{ kN}$ (als Eingangswert für die Tabelle 4 hier mit $\gamma_F = 1{,}5$)

$\Delta V_{Ed} / V_{Ed} = 96 / 120 = 0{,}8$

Aus Tabelle 4 ergibt sich der maximale EQ-Trägerabstand zu etwa 23 cm. Die maximale Obergrenze ist für alle Tabellenwerte eingehalten.

Im Beispiel beträgt $v_{Ed} = 0{,}857$ N/mm^2 ≤ 1,2 N/mm^2 (Obergrenze für C20/25).

5 Ausblick

5.1 Anmerkungen zum Bemessungskonzept

Der Verbundnachweis nach geltender Zulassung [3] weist Unterschiede zur Bemessung nach Eurocode 2 [2] auf. Nach Zulassung sind zusätzliche Querkraftobergrenzen einzuhalten und im Fall einer Ermüdungsbeanspruchung zusätzlich zu reduzieren. Eurocode 2 [1], [2] macht keine Angabe zu einer Reduzierung der Schubspannungsobergrenze in der Verbundfuge im Fall einer Ermüdungsbeanspruchung.

Die Zulassung [3] fordert einen Ermüdungsnachweis der Gitterträgerdiagonalen als Verbundbewehrung. Dieses Konzept entstammt Zulassungsversuchen, in denen der Verbund zwischen Fertigteilplatte und Aufbeton teilweise bewusst gestört wurde. Das Bemessungskonzept liegt insofern auf der sicheren Seite, als das in den Bauteilversuchen trotzdem keine Ermüdungsbrüche der Diagonalen beobachtet wurden.

Verbundbauteile unter nicht vorwiegend ruhender Belastung

Tabelle 4: Maximalabstände von EQ-Gitterträgern nach [3] bei Ermüdungsbeanspruchung

v_{ED} N/mm²	Mindest- betongüte	maximaler Gitterträgerabstand (cm) für $\Delta V_{Ed} / V_{Ed}$						
		bis 0,5	0,6	0,7	0,8	0,9	1	
0,05		75	75	75	75	75	75	Abstände über **40 cm** nur bei gesondertem Nachweis möglich
0,1		75	75	75	75	75	75	
0,15		75	75	75	75	75	75	
0,2		75	75	75	75	75	75	
0,25		75	75	75	75	69,5	62,6	
0,3		75	75	74,5	65,2	57,9	52,1	
0,35		75	74,5	63,8	55,9	49,7	44,7	
0,4		71,4	65,2	55,9	48,9	43,5	39,1	
0,45		63,5	57,9	49,7	43,5	38,6	34,8	
0,5		57,1	52,1	44,7	39,1	34,8	31,3	
0,55		51,9	47,4	40,6	35,6	31,6	28,4	
0,6		47,6	43,5	37,2	32,6	29,0	26,1	
0,65		43,9	40,1	34,4	30,1	26,7	24,1	
0,7		40,8	37,2	31,9	27,9	24,8	22,3	
0,75		38,1	34,8	29,8	26,1	23,2	20,9	
0,8		35,7	32,6	27,9	24,4	21,7	19,6	
0,85		33,6	30,7	26,3	23,0	20,4	18,4	
0,9		31,7	29,0	24,8	21,7	19,3	17,4	
0,95		30,1	27,4	23,5	20,6	18,3	16,5	
1		28,6	26,1	22,3	19,6	17,4	15,6	
1,05		27,2	24,8	21,3	18,6	16,6	14,9	
1,1		26,0	23,7	20,3	17,8	15,8	14,2	
1,15		24,8	22,7	19,4	17,0	15,1	13,6	
1,2	C20/25	23,8	21,7	18,6	16,3	14,5	13,0	
1,25		22,9	20,9	17,9	15,6	13,9	12,5	
1,3		22,0	20,1	17,2	15,0	13,4	12,0	
1,35		21,2	19,3	16,6	14,5	12,9	11,6	
1,4	C 25/30	20,4	18,6	15,9	13,9	12,4	11,2	
1,45		19,7	18,0	15,4	13,5	12,0	10,8	
1,5		19,0	17,3	14,8	13,0	11,5	10,4	
1,55		18,4	16,5	14,1	12,4	11,0	9,9	
1,6		17,9	15,8	13,5	11,8	10,5	9,5	
1,65	C 30/37	17,3	15,1	13,0	11,4	10,1	9,1	
1,7		16,8	14,8	12,7	11,1	9,9	8,9	
1,75		16,3	14,2	12,2	10,7	9,5	8,5	
1,8	C 35/40	15,9	13,7	11,8	10,3	9,1	8,2	
1,85		15,4	13,4	11,5	10,1	8,9	8,1	
1,9	C 40/50	15,0	12,9	11,1	9,7	8,6	7,8	
1,95		14,6	12,7	10,9	9,5	8,4	7,6	
2	C 45/55	14,3	12,3	10,5	9,2	8,2	7,4	
2,05	C 50/60	13,9	12,0	10,3	9,0	8,0	7,2	
		Querkraftbemessung (Ortbeton) maßgebend.						

Der Eurocode 2 [3] enthält keine Aussage zu einem expliziten Ermüdungsnachweis für die Verbundbewehrung selbst. Untersuchungen an Verbundbauteilen mit aufgerauter bzw. optimierter Verbundfuge lassen erwarten, dass bei begrenzter Schubspannung in der Fuge diese intakt bleibt und die Verbundbewehrung somit keine nennenswerte Spannungsschwingbreite erfährt. Voraussetzung für einen solchen Ansatz ist eine erhöhte Anforderung an die Fugenbeschaffenheit.

5.2 Wöhlerlinie für Gitterträger

Nach Gitterträger-Zulassung ist ein Ermüdungsnachweis der Diagonalen als Verbundbewehrung zu führen. Dieser Nachweis gilt nach [3] ausdrücklich für zwei Millionen Lastwechsel. Nur für diese Lastwechselzahl ist eine Spannungsschwingbreite für die Gitterträgerdiagonalen festgelegt. Eine Wöhlerlinie, wie sie in Eurocode 2 [2] für verschiedene Arten von Bewehrungen genormt sind, wird in der Zulassung [3] nicht angegeben.

Nachweise bei anderen Lastwechselzahlen oder explizite Betriebsfestigkeitsnachweise bei unterschiedlichen Schwingbreiten über die Nutzungsdauer erfordern die Kenntnis von Wöhlerlinien. Für zukünftige Bemessungskonzepte soll hierzu ein Ansatz vorgestellt werden.

Bereits nach DIN 1045 aus dem Jahr 1988 galt für geschweißte Betonstahlmatten und Gitterträger die gleiche zulässige Spannungsschwingbreite. Beide Lieferformen werden durch maschinelles Widerstandspunktschweißen erzeugt. Die bei Gitterträgern zusätzlich vorhandene Krümmung der Diagonalen führte nicht zu einem abweichenden Wert, da der Einfluss der Schweißung auf die Ermüdungsfestigkeit gegenüber der Krümmung überwiegt.

Für Betonstahlmatten wurde im Eurocode 2 [2] eine Wöhlerlinie festgelegt. Für deren Herleitung liegen im Bereich hoher Lastwechselzahlen Versuchsergebnisse nur in geringem Umfang vor, da nur wenige Materialprüfungen über zwei Millionen Lastwechsel hinaus fortgesetzt wurden [12]. Vor dem Hintergrund, dass insbesondere für sehr hohe Lastwechselzahlen (z. B. 10^8) Ergebnisse nicht in ausreichendem Umfang vorgelegen hatten, wurde die Wöhlerlinie für geschweißte Matten mit einer starken Neigung im „Dauerfestigkeitsbereich" festgelegt. In Kombination mit einer Spannungsschwingbreite von σ_{Rsk} = 85 N/mm² wird sichergestellt, dass bei 10^7 Lastwechseln die Schwingfestigkeit nicht höher ist als bei früherer Regelung [5]. Nach Eurocode 2 [2] gilt für die aufnehmbare Schwingbreite $\Delta\sigma_{Rsk}$ von Betonstahlmatten die Gleichung (2).

$$\Delta\sigma_{Rsk} = \Delta\sigma_{Rsk}(N^*) \cdot (N^*/N)^{1/k} \leq f_{yk} \tag{2}$$

$\Delta\sigma_{Rsk}(N^*) = 85 \text{ N/mm}^2$

$N^* = 10^6$

$k_1 = 4$ für $N < N^*$ (Zeitfestigkeitsbereich)

$k_2 = 5$ für $N \geq N^*$ („Dauerfestigkeitsbereich")

Die Ermüdungsversuche an Gitterträgerausschnitten [10], [11] wurden in Einstufenversuchen bei unterschiedlichen Spannungsschwingbreiten durchgeführt und die

Lastwechselzahlen beim Bruch der verschweißten Diagonalen ermittelt. 15 Proben versagten durch Ermüdung im Bereich des Schweißpunktes, zwei weitere Versuche wurden ohne Bruch beendet (Durchläufer). Bild 5 zeigt einen Vergleich der erreichten Spannungsschwingbreiten mit der Wöhlerlinie nach Gleichung (2). Alle Einzelwerte liegen oberhalb dieser Wöhlerlinie. Im Hinblick auf die Bemessung ist nach [13] der Abstand der erreichten Spannungen zur Bemessungslinie entscheidend. Der Mittelwert aus den Spannungsschwingbreiten zum jeweiligen Wert der Wöhlerlinie liegt bei $x = 1{,}24$ bei einer Standardabweichung von $s = 0{,}14$. Werden die zwei Durchläufer in diese Betrachtung einbezogen ergibt sich $x = 1{,}26$ und $s = 0{,}16$. Die Wöhlerlinie nach Gleichung (2) für geschweißte Matten begrenzt die Dauerschwingversuche an Gitterträgerdiagonalen nach [10], [11] etwa im Sinne einer 10%-Quantile bei 90% Aussagewahrscheinlichkeit.

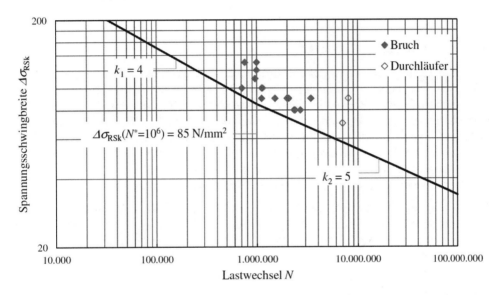

Bild 5: Ergebnisse von Dauerschwingversuchen an Gitterträgerdiagonalen [10, 11] im Vergleich mit der Wöhlerlinie nach Gleichung (2)

Die Anzahl der ausgewerteten Dauerschwingversuche an Gitterträgerdiagonalen ist für die Festlegung einer Wöhlerlinie gering. Da jedoch die Neigung der Wöhlerlinie nach Gleichung (2) im „Dauerfestigkeitsbereich" mit $k_2=5$ sehr steil gewählt wurde, kann dieser Ansatz auch für Gitterträgerdiagonalen eine konservative Abschätzung darstellen.

5.3 Forschungsbedarf

Unterschiedliche Bemessungsansätze in Zulassungen und Norm können zu unterschiedlichen erforderlichen Verbundbewehrungsmengen führen. Abhängig von der Höhe der einwirkenden Verbundspannung und der Ausführung der Verbundfuge wirken unterschiedliche Spannungsschwingbreiten in der Verbundbewehrung. Die aktuelle Zulassungsregelung scheint hier konservativ, da bei geforderter rauer

Verbundfuge ein Ermüdungsnachweis der Bewehrung für quasi aufgelösten Fugenverbund zu führen ist.

Für eine sichere und wirtschaftliche Bemessung von Verbundbauteilen sind weitere Untersuchungen notwendig. Ein Bemessungskonzept für bewehrte Verbundfugen unter Ermüdungsbeanspruchung erfordert Erkenntnisse über die auf die Verbundbewehrung einwirkende Spannungsschwingbreite abhängig von der Lastwechselzahl. Zudem fehlen Daten zur Absicherung von Wöhlerlinien für Gitterträgerdiagonalen als Verbundbewehrung. Ergänzend hierzu sind Bauteilversuche mit mehr als 2 Millionen Lastwechseln wichtig.

Im Rahmen eines Forschungsprojektes an der RWTH Aachen [14] sollen daher Verbundbauteile mit Gitterträgern unter Ermüdungsbeanspruchung untersucht werden. Ziel ist die Herleitung einer sicheren und wirtschaftlichen Bemessungsregelung.

6 Zusammenfassung

Verbundbauteile aus Fertigteilen mit Ortbetonergänzung bedürfen bei nicht vorwiegend ruhender Belastung gesonderte Nachweise der Verbundfuge bzw. der Verbundbewehrung. Bauaufsichtliche Zulassungen für Gitterträger fordern bei Ermüdungsbeanspruchung eine Reduzierung der maximalen Verbundspannung auf 50% und einen Ermüdungsnachweis der Gitterträgerdiagonalen für sinngemäß 60% der einwirkenden Verbundspannung bei aufgelöstem Haftverbund. Als Bemessungshilfe wurde die Tabelle 4 vorgestellt. Die Bemessung führt zu großer Verbundbewehrungs-menge bzw. zu engen Gitterträgerabständen.

Die aktuelle Zulassungsregelung scheint konservativ. Untersuchungen zu Elementdecken unter Ermüdungsbeanspruchung sind daher im Rahmen eines neuen Forschungsprojektes geplant mit dem Ziel einer wirtschaftlicheren Bemessung.

Literatur

[1] DIN EN 1992-1-1: Eurocode 2: Bemessung und Konstruktion von Stahlbeton- und Spannbetontragwerken - Teil 1-1: Allgemeine Bemessungsregeln und Regeln für den Hochbau, Deutsche Fassung EN 1992-1-1:2004 - AC:2010 Ausgabedatum: 2011-01

[2] DIN EN 1992-1-1/NA: Nationaler Anhang - National festgelegte Parameter - Eurocode 2 : Bemessung und Konstruktion von Stahlbeton- und Spannbetontragwerken - Teil 1-1: Allgemeine Bemessungsregeln und Regeln für den Hochbau, Ausgabedatum: 2013-04.

[3] Zulassung Z-15.1-93, Filigran-EQ-Gitterträger für Fertigteilplatten mit statisch mitwirkender Ortbetonschicht, Deutsches Institut für Bautechnik (DIBt), Berlin, 1.7.2014

[4] Furche, J.: Verbundbauteile mit Gitterträgern nach Eurocode 2. In: Betonbauteile nach Eurocode 2. Hrsg. Holschemacher, K.; Beuth Verlag, Berlin 2013

[5] DAfStb Heft 600: Erläuterungen zu DIN EN 1992-1-1 und DIN EN 1992-1-1/NA (Eurocode 2), Beuth Verlag, Berlin, 2012.

[6] Randl, N.; Zilch, K.; Müller, A.: Bemessung nachträglich ergänzter Betonbauteile mit längsschubbeanspruchter Fuge – Vergleichende Beurteilung aktueller Konzepte für die Baupraxis. Beton- und Stahlbetonbau 103(2008), Heft 7, S. 482-497, Verlag Ernst & Sohn, Berlin 2008.

[7] Zilch, K.; Zehetmaier, G.: Bemessung im konstruktiven Betonbau. Nach DIN 1045-1 (Fassung 2008) und EN 1992-1-1 (Eurocode 2), 2., neu bearbeitete und erweiterte Auflage, Springer, Berlin Heidelberg 2010.

[8] Furche, J.: Bauermeister, U.: Elementbauweise mit Gitterträgern. Betonkalender 2009. Ernst & Sohn, Berlin, 2009.

[9] Furche, J.; Bauermeister, U.: Elementdecken bei nicht vorwiegend ruhender Belastung, Beton- und Stahlbetonbau 101(2006), Heft 9, S. 652-662, Verlag Ernst & Sohn, Berlin 2006

[10] Weber, J.W.; Schmidt, R.: Zulassungsversuche für den Filigran EQ-Träger unter dynamischer Beanspruchung. Prüfbericht Nr. A 2064 vom 20.6.1990. Institut für Bauforchung (ibac), Aachen

[11] Schießl, P.: Zulassungsversuche für den Filigran EQ-Träger unter dynamischer Beanspruchung. Gutachten W 1107 vom 29.6.1990, Aachen

[12] Zilch, K.; Zehetmaier, G., Rußwurm, D.: Zum Ermüdungsnachweis bei Stahlbeton- und Spannbetonbauteilen, In DAfStb-Heft 525: Erläuterungen zu DIN 1045-1, 2. Überarbeitete Auflage 2010, Beuth Verlag, 2010

[13] Zilch, K., Methner, R.: Die Neuausgabe der DIN 1045-1: Ermüdungsnachweise. DBV-Heft 14: Weiterbildung Tragwerkplaner. Deutscher Beton und Bautechnikverein e.V. Berlin, 2007.

[14] Hegger, J.: Ermüdung von Elementdecken mit Gitterträgern. Forschungsantrag AIF, Oktober 2013, Aachen, unveröffentlicht.

Dehnungsverfestigender Faserbeton

Viktor Mechtcherine

1 Einführung

Zementgebundene Werkstoffe zeigen üblicherweise ein nahezu sprödes Materialverhalten. Mit dem Erreichen der Festigkeit versagt das Material durch Ausbildung von makroskopischen Trennrissen. Ursachen der Sprödigkeit sind die kristalline Struktur (Nano- und Mikroebene) und die Homogenität (Meso- und Makroebene) der festigkeitsbildenden Hydratationsprodukte. Mit zunehmender Heterogenität des Verbundmaterials (i.d.R. durch Zugabe der Gesteinskörnung) geht eine Verringerung der Sprödigkeit einher. Eine gewisse Rissüberbrückung wird dabei vor allem durch Rissuferverzahnungen und Rissverzweigungen erreicht.

Mit der Zugabe von Fasern wird die Heterogenität des Materialverbundes stark erhöht, da Fasern i.d.R. mechanische, physikalische und chemische Materialeigenschaften haben, die deutlich von denen der Matrix abweichen. Typische Fasermaterialien für zementgebundene Werkstoffe sind Stahl, Carbon, AR-Glas sowie eine breite Palette an synthetischen Polymerfasern (PAN, PE, PP, PVA, etc.). Bei einer richtigen Faserwahl können diese eine rissüberbrückende Wirkung entfalten und dadurch die Sprödigkeit des zementgebundenen Materialverbundes deutlich verringern oder gar ein quasi-duktiles Verhalten herbeiführen.

Eine deutliche Steigerung der Duktilität des Werkstoffs Beton wirkt sich sehr positiv auf die Tragfähigkeit der Konstruktion bei statischer Beanspruchung aus. Als wesentliche Mechanismen sind hier Kräfteumlagerung und Spannungsumverteilung zu nennen. Des Weiteren führt die Steigerung der Duktilität durch Vorankündigung des Versagens zu mehr Sicherheit. Noch deutlicher sind die Vorteile eines duktileren Betons – aufgrund einer hohen Verformungsfähigkeit und Energieabsorption – im Falle einer stoßartigen Beanspruchung. Ein weiterer Aspekt ist die Dauerhaftigkeit der Konstruktion. Risse im Beton führen zu einem schnelleren Transport von Flüssigkeiten und Gasen, die sowohl die Stahlbewehrung als auch den Beton selbst angreifen. Die Duktilität des Betons führt zur Beschränkung der Rissbreiten infolge Zwang- und Eigenspannungen sowie äußerer Kräfte. Als Folge wird das Eindringen von korrosiven Medien reduziert und die Dauerhaftigkeit der Beton- und Stahlbetonbauwerke verbessert.

Konventioneller Faserbeton weist im Vergleich zu unbewehrtem Beton in der Regel keine höhere Bruchdehnung, sondern lediglich ein gutmütigeres Entfestigungsverhalten auf und kann nicht als duktiler Werkstoff bezeichnet werden, siehe Bild 1. Wird durch eine immer höhere Faserzugabe dennoch versucht, das Nachbruchverhalten des Betons duktil zu gestalten, werden schnell die Grenzen der Verarbeitbarkeit des Materials erreicht. Eine weitere Einschränkung für die Steigerung des Fasergehaltes stellen

Prof. Dr.-Ing. Viktor Mechtcherine, TU Dresden, Institut für Baustoffe

hohe Kosten von leistungsfähigen Fasern dar. Die Herausforderung besteht darin, einen duktilen Beton mit einem möglichst geringen Gehalt an Kurzfasern herzustellen.

Die ersten Arbeiten zum Thema hochduktiler Beton mit einem relativ geringen Gehalt an kurzen Kunststofffasern wurden von Li [1] veröffentlicht, der diese neue Werkstoffgruppe als Engineered Cementitious Composites (ECC) bezeichnete. Es folgten eigenständige Materialentwicklungen in einer Reihe von Industrienationen weltweit. International hat sich in den letzten Jahren der Begriff Strain-Hardening Cement-based Composites (SHCC) etabliert [2]. Da sich diese Bezeichnung nur sehr umständlich ins Deutsche übersetzen lässt, wird hier der einfachere, im deutschsprachigen Raum inzwischen geläufige Name „Hochduktiler Beton" verwendet [3].

Im vorliegenden Aufsatz wird ein Überblick über die Konzeption, charakteristische Eigenschaften und erste Anwendungen dieses neuen Werkstoffes gegeben. Die Grundlage bilden dabei die vom Autor an der TU Dresden durchgeführten Arbeiten der letzten Jahre. Die Erstpublikation des Artikels erfolgte in der Zeitschrift Beton- und Stahlbetonbau, Heft 1, 2015 unter dem Titel „Hochduktiler Beton mit Kurzfaserbewehrung".

2 Werkstoffentwicklung

2.1 Baustoffliche Grundlagen

Eine rein empirische Vorgehensweise ist bei der Entwicklung hochduktiler Betone – aufgrund der großen Anzahl relevanter Variationsparameter – nicht zielführend. Vielmehr wird eine durchgehende Modellierung des Werkstoffes von der Makroebene über die Meso- bis zur Mikroebene benötigt [1], [4].

Auf der Makroebene werden Werkstoffe als homogen angesehen. Auf dieser Ebene, auf der Ingenieure üblicherweise arbeiten, kann Beton als duktil bezeichnet werden, wenn sich nach Bildung des ersten Risses keine Entfestigung einstellt, sondern eine Zunahme der Verformung bei gleichbleibender oder zunehmender Spannung erfolgt, siehe Bild 1. Nimmt die Spannung zu, wird das Materialverhalten als „dehnungsverfestigend" (engl.: Strain Hardening) bezeichnet. Hierzu müssen die Fasern in der Erstrissebene die einwirkende Spannung σ_1 vollständig übernehmen und eine weitere Steigerung der Beanspruchung ermöglichen. Mit steigender Spannung entsteht dann der zweite Riss an der zweitschwächsten Stelle der Matrix, nachfolgend der dritte Riss etc. Diese multiple Rissbildung setzt sich fort, bis die rissüberbrückende Wirkung der Fasern in einer der Rissebenen erschöpft ist. Die Zugfestigkeit f_t des Betons ist erreicht. Damit tritt eine Lokalisierung des Versagens ein: Ein Makroriss öffnet sich und bildet durchgehende Bruchflächen. Bei einem konventionellen Faserbeton tritt diese Lokalisierung, begleitet von einer ausgeprägten Entfestigung, gleich nach der Bildung des Erstrisses ein (Bild 1).

Die Erstrissspannung σ_1 wird maßgeblich durch die Zugfestigkeit der Betonmatrix σ_{mu} bestimmt. Fein dispergierte Fasern, insbesondere Mikrofasern, können jedoch bereits vor der Bildung des Erstrisses einen Beitrag zur Kraftübertragung leisten. Die Zugfestigkeit f_t des Betons hängt dagegen maßgeblich von der Wirkung der Fasern ab, sie wird durch die Rissebene mit der geringsten rissüberbrückenden Wirkung bestimmt [4].

Um rissüberbrückende Mechanismen wirkungsvoll zu aktivieren, müssen die Fasern einen hinreichend hohen E-Modul und eine hohe Zugfestigkeit aufweisen. Der Durchmesser und die Länge der Fasern müssen den Größenverhältnissen der Strukturebene angepasst sein, auf der die Rissüberbrückung stattfinden soll. Dabei kann eine aktive Rissüberbrückung nur dann erfolgen, wenn ein hinreichend starker Verbund zwischen Matrix und Fasern vorhanden ist. Neben dem physikalischen Reibungsverbund spielt dabei eine chemische Anbindung der Fasern an die mineralischen Gefügebestandteile eine wichtige Rolle.

Auf der Mesoebene (Betrachtung der einzelnen Rissebenen) bildet ein stabiles Wachstum jedes einzelnen Risses die Voraussetzung für die Duktilität des Verbundwerkstoffes. Dazu sind die Wirkung der Fasern und die Zugfestigkeit bzw. Bruchzähigkeit der Matrix aufeinander abzustimmen. Eine geringe Festigkeit der Matrix ist für die stabile Rissausbreitung von Vorteil, zu geringe Festigkeitswerte jedoch bewirken eine zu frühe Erstrissbildung.

Für das stabile Risswachstum auf der Mesoebene und damit ein duktiles Materialverhalten ist eine Aktivierung einer hohen Anzahl von den Riss kreuzenden Einzelfasern erforderlich. Bei Zugbelastung findet – beginnend von der Rissebene in der Matrix – zunächst eine partielle Ablösung der Fasermantelfläche von der Matrix statt [5], [6]. Der abgelöste Abschnitt der Faser erfährt eine Zugdehnung, deren Betrag von der Länge dieses Abschnittes und der durch den Faserschlupf in der Interphase aktivierten Scherspannungen abhängt und die sich in einer zunehmenden Rissöffnung manifestiert. Eine Steigerung der durch die Fasern übertragbaren Zugkraft ist in diesem Stadium möglich, was letztendlich zur Bildung neuer Risse und zu einer Dehnungsverfestigung auf Makroebene führt. Mit zunehmender Beanspruchung der Faser bewegt sich die Prozesszone, in der die Faserablösung stattfindet, immer weiter zum eingebetteten Ende der Faser hin, bis die gesamte Mantelfläche der Faser abgelöst ist. Die abgelöste Faserlänge kann nun nicht mehr zunehmen und es beginnt der ganzheitliche Faserauszug, in dessen Verlauf die über die Interphase im Verbund zur Matrix stehende Faserlänge kontinuierlich abnimmt. Verlieren viele der Fasern in einem Riss ihre Verankerung in der Matrix und werden ausgezogen, kommt es in diesem betroffenen Riss zur Lokalisierung des Versagens. Makroskopisch manifestiert sich dies in der Öffnung eines Makrorisses und im Entfestigungsverhalten.

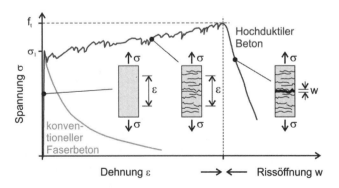

Bild 1:

Typische Spannungs-Dehnungsbeziehung von konventionellem Faserbeton und hochduktilem Beton sowie Rissbilder von hochduktilem Beton

Die Optimierung der Einbindung der Faser in die Matrix wird dadurch erschwert, dass neben der Faserablösung und -auszug eine Reihe weiterer Phänomene wie z. B. Verkanten von Fasern an den Rissufern oder Ausbruch der Matrix zu berücksichtigen sind. Die Kontrolle der Bruchenergie und der Schubfestigkeit des Verbundes erfolgt durch eine gezielte Wahl der Fasergeometrie (vor allem des L/d-Verhältnisses) und der Faserart (Beschaffenheit der Faseroberfläche, Fasermaterial) sowie durch die Mikrostruktur der Matrix.

2.2 Zusammensetzung und Verarbeitung

Die beste Eignung zur Steigerung der Duktilität des normalfesten Betons wiesen bisher PVA-Fasern mit einer Länge von 8 bis 15 mm und einem Durchmesser von unter 50 µm auf. Die Einstellung der Verbundqualität erfolgt i.d.R. durch Beschlichtung der Faseroberflächen mit öligen Substanzen. Für hoch- und ultrahochfeste Matrices empfehlen sich hochmodulige Polyethylenmikrofaser (HDPE). Damit sich die Wirkung der Fasern voll entfalten kann, müssen sie sehr gleichmäßig in der Matrix verteilt sein. Dies ist durch Optimierung der rheologischen Eigenschaften der Matrix im Frischzustand und durch die geeignete Gestaltung des Mischvorgangs zu erreichen. Auch eine deutliche Reduktion des Größtkorns wirkt sich positiv auf die Gleichmäßigkeit der Faserverteilung über das Matrixvolumen aus. Positive Erfahrungen liegen für Größtkorndurchmesser von $\leq 0{,}3$ mm vor.

Tabelle 1 gibt zwei Beispiele für die Zusammensetzung von hochduktilem Beton mit normaler (37 N/mm²) und sehr hoher (140 N/mm²) Würfeldruckfestigkeit. Bei normalfestem hochduktilem Beton (hier Kurzbezeichnung NF) besteht der Binder aus einer Kombination aus Portlandzement 42,5 R und Flugasche (FA). Als Gesteinskörnung fand bei dieser Mischung NF Quarzsand der Körnung 0,06 - 0,20 mm Verwendung. Des Weiteren wurden 2,25 Vol.-% PVA-Fasern mit einer Länge von 12 mm und einem Durchmesser von 40 µm zugegeben [7]. Zur Einstellung der rheologischen Eigenschaften wurden der Mischung Fließmittel (FM) und Stabilisierer (ST) zugesetzt. Das Bindemittel in der hochfesten Mischung (HF) besteht aus Portlandzement CEM I 52,5 R-HS und Silikastaub (SF). Neben dem Quarzsand 0,06/0,20 wurden 2 Vol.-% HDPE-Fasern mit einer Länge von 12 mm und einem Durchmesser von 20 µm eingesetzt [8].

Tabelle 1: Zusammensetzung hochduktiler Betone (Beispiele)

Beton	Zement	FA / SF	Quarzsand	Wasser	FM	ST	Faser
NF	320	750 (FA)	535	335	16,1	3,2	29,3 (PVA)
HF	1533	307 (SF)	153	295	22,5	-	20,0 (PE)

Grundsätzlich ist es möglich, hochduktilen Beton mit allen gängigen Mischertypen herzustellen. Vorteilhaft ist jedoch die Verwendung von Hochleistungszwangsmischern mit verstellbarer Mischintensität/-geschwindigkeit. Während der Faserzugabe soll zunächst eine geringere Mischintensität eingestellt werden; anschließend ist die Drehgeschwindigkeit um das ca. Zweifache zu steigern, um die Dispersion der Fasern zu fördern.

Zur Gewährleistung einer gleichmäßigen Faserverteilung sind hochduktile Betone grundsätzlich in einer fließfähigen Konsistenz herzustellen. Eine Ausnahme bilden Betone, die durch besondere Verfahren verarbeitet werden (Beispiel: die Herstellung von Bauelementen durch Extrudieren). Es wurde gezeigt, dass auch die Herstellung eines hochduktilen Betons als selbstverdichtender Beton möglich ist.

Das Betonieren von Bauteilen oder Prüfkörpern mit duktilem Beton soll möglichst "nahtlos" erfolgen. Sind Arbeitsfugen unerlässlich, müssen in diesem Bereich ggf. besondere Maßnahmen zur Vermeidung von Schwachstellenbildung ergriffen werden. Die Verwendung von hochduktilem Beton zur Instandsetzung und Verstärkung von Bauwerken kann in vielen Fällen ein Aufbringen dieses Materials durch Spritzen erforderlich machen, siehe auch Bild 9 in Abschnitt 5.2.

Bild 2: Herstellung einer Platte aus stahlbewehrtem hochduktilem Beton; oben rechts: Ergebnis einer Setzfließmaßprüfung

3 Mechanische Eigenschaften, Verformungs- und Bruchverhalten

Das Verhalten von hochduktilem Beton unter Druckbeanspruchung unterscheidet sich nicht prinzipiell von dem konventioneller Faserbetone und kann daher im Allgemeinen anhand gängiger Druckprüfungen ermittelt werden. Beispielsweise betrugen die Druckfestigkeit des Betons NF im Alter von 28 Tagen 37 N/mm², der E-Modul ca. 16000 N/mm² und die Bruchdehnung 0,67 %.

3.1 Verhalten unter einachsiger monotoner Zugbeanspruchung

Die wichtigste und entscheidende Eigenschaft hochduktiler Betone ist eine Dehnungsverfestigung unter einaxialer Zugbeanspruchung, begleitet von einer multiplen Rissbildung und hierdurch bedingten großen nichtelastischen Verformungen. Für die Erfassung des charakteristischen Verhaltens duktiler Betone unter Zugbeanspruchung erwiesen sich die Zugversuche an ungekerbten, taillierten Prüfkörpern mit unverdrehbaren Lasteinleitungsplatten als am besten geeignet. Bild 3 zeigt typische Spannungs-Dehnungskurven aus solchen Versuchen für die in Tabelle 1 angegebenen Betonzusammensetzungen. Nach der Erstrissbildung auf dem Niveau der Zugfestigkeit eines herkömmlichen normalfesten Betons erfolgt eine Verfestigung des Werkstoffes. Die leichten Sprünge der Kurven markieren die Bildung von neuen, mehr oder minder parallel zueinander verlaufenden Rissen. Das Foto in Abb. 3 zeigt ein typisches Rissbild kurz vor dem Erreichen der Bruchdehnung.

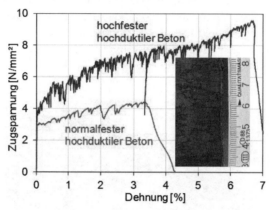

Bild 3: Typische Spannungs-Dehnungsbeziehung von normalfesten und hochfestem hochduktilem Beton unter Zugbeanspruchung sowie charakteristisches Rissbild von hochduktilem Beton beim Erreichen der Bruchdehnung

3.2 Verhalten unter zyklischer Zugbeanspruchung

Das Ermüdungsverhalten von hochduktilem Beton sowie sein Verhalten unter Dauerlast sind noch nicht hinreichend untersucht. Jun und Mechtcherine [7, 9] führten eine Reihe verformungs- und lastgesteuerter zyklischer Versuche durch. Die unter verformungsgesteuerter zyklischer Belastung ermittelte Zugfestigkeit war etwas kleiner als der entsprechende Wert aus den Versuchen mit monotoner Belastung. Bei Anwendung einer relativ geringen Anzahl von Lastzyklen (wenige Dutzend) unterschied sich die Bruchdehnung bei zyklischer Beanspruchung nicht von der bei monotoner Belastung, siehe Bild 4. Die Analyse von Hystereseschleifen der Spannungs-Dehnungkurven der zyklischen Versuche und der kurzzeitigen Ent- und Belastungen während der Dauerstandsversuche ergab eine deutliche Abnahme der Steifigkeit des Werkstoffes mit zunehmender Lastzyklenanzahl bzw. Belastungsdauer und demzufolge mit zunehmender Dehnung.

Die mittlere Anzahl der Lastzyklen in den kraftgesteuerten Versuchen war zwar etwas größer (ca. 2000) als bei den verformungsgesteuerten Versuchen, es konnte aber auch hier kein Unterschied zur Bruchdehnung unter monotoner Belastung festgestellt werden. Die definierten Oberspannungen in den kraftgesteuerten Zugversuchen lagen deutlich unter der Zugfestigkeit des Materials.

In den laufenden Untersuchungen an der TU Dresden wird das Verhalten von hochduktilem Beton unter hochzyklischer Wechselbeanspruchung Zug-Druck untersucht. Die ersten Ergebnisse zeigten, dass mit zunehmender Lastzahl sowohl die Zugfestigkeit als auch die Bruchdehnung deutlich abnahmen [10]. Außerdem konnte eine Verringerung der Rissanzahl beobachtet werden. Als Ursache dafür wurde die Schädigung der Fasern und der Kontaktzone im Rissbereich identifiziert.

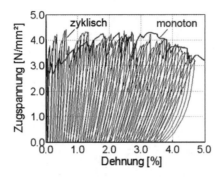

Bild 4: Repräsentative Spannungs-Dehnungskurven aus verformungsgesteuerten zyklischen und monotonen Zugversuchen [7]

3.3 Verhalten unter Stoßartiger Beanspruchung

Die Ausbildung zahlreicher neuer Rissoberflächen sowie der partielle Auszug rissüberbrückender Fasern führen zu einer sehr hohen Energiedissipation bei statischer Zugbeanspruchung im Vergleich zu anderen mineralischen Baustoffen. Wie sich eine zunehmende Belastungsgeschwindigkeit auf die bei statischer Belastung nachgewiesenen positiven Eigenschaften (hohe Bruchdehnung, feine Rissverteilung, hohe Bruchenergie) von SHCC auswirkt, ist bislang nur wenig erforscht. Vereinzelte experimentelle Arbeiten sind für Verzerrungsraten bis $2 \cdot 10^{-1}$ s^{-1} zu finden [11], [12]. Mehrheitlich wurden bei solcher niederdynamischer Beanspruchung eine Zunahme der Zugfestigkeit und Abnahme der Bruchdehnung im Vergleich zu quasistatischer Belastung festgestellt.

Die eigenen Arbeiten in diesem Verzerrungsratenbereich bestätigten im Wesentlichen diese Erkenntnis [13], [14], siehe Bild 5. Mit zunehmender Dehnrate (von 10^{-5} s^{-1} auf 10^{-2} s^{-1}) stieg die Zugfestigkeit von 4,5 MPa auf 5,5 MPa an. Die Bruchdehnung nahm von 1,5 % auf 0,8 % ab, und die Bruchenergie reduzierte sich von 8,0 J auf 5,3 J. Bei der geringsten Dehnrate von 10^{-5} s^{-1} war ein duktiles, dehnungsverfestigendes Verhalten mit ausgeprägter multipler Rissbildung festzustellen. Bei einer Dehnrate von 10^{-2} s^{-1} waren die Duktilität und die Anzahl der Risse deutlich geringer.

Zusätzlich wurden die Zugversuche mit der Hochgeschwindigkeits-Prüfmaschine bei Dehnraten von 10 s^{-1} bis 50 s^{-1} durchgeführt. Hierbei ergab sich hinsichtlich der Zugfestigkeit weiterhin eine steigende Tendenz [13]. Mit Werten bis zu 12 MPa war der Anstieg der Zugfestigkeit sehr deutlich ausgeprägt. Unerwarteterweise wurde bei diesen Dehnraten aber auch eine ausgeprägte Zunahme der Bruchdehnung auf 1,8 % und der Bruchenergie auf 20 J beobachtet, siehe Bild 5. Es konnte jedoch keine verteilte, multiple Makro-Rissbildung festgestellt werden.

Zur Erklärung dieses unerwarteten Materialverhaltens wurden die Bruchflächen der Proben einer visuellen Inspektion unterzogen und die Oberflächen von ausgezogenen Fasern mikroskopisch untersucht. Bei geringen Verzerrungsraten ist nur ein partieller Faserauszug festzustellen, ab einer Auszuglänge von ca. 0,3 mm hat zumeist Faserbruch stattgefunden. Die Mantelflächen der Filamente zeigen nur geringfügige plastische Deformationen und sind gegenüber dem unbelasteten Ausgangszustand kaum verändert. Bei hohen Verzerrungsraten ist dagegen ein fast vollständiger Auszug aller rissüberbrückenden Fasern festzustellen, Faserbruch ist nur in sehr untergeordnetem Maße vorhanden. Die Oberflächen der Fasern zeigen hier deutliche plastische Deformationen, der mittlere Faserdurchmesser ist gegenüber dem Ausgangszustand (40 µm) durch Streckung des Fasermaterials auf ca. 35 µm verringert.

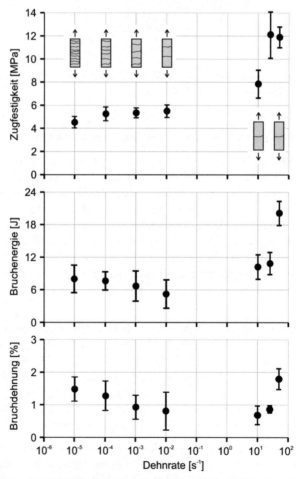

Bild 5: *Entwicklung der Zugfestigkeit, Bruchenergie und Bruchdehnung eines SHCC mit PVA-Fasern bei zunehmender Belastungsgeschwindigkeit sowie schematische Angabe des Rissbildes [13]*

Hinsichtlich der Prüfung des Materialverhaltens bei hochdynamischer Beanspruchung liegen erste Ergebnisse aus Spallationsexperimenten vor [15]. In den Versuchen wurden ungekerbte und gekerbte Zylinder aus SHCC mit PVA-Fasern in einem Split-HOPKINSON-Bar mit Verzerrungsraten > 140 s^{-1} belastet und die Ergebnisse Resultaten aus quasi-statischen, zentrischen Zugversuchen gegenübergestellt. Beim Übergang von quasi-statischer zu hochdynamischer Belastung wurde eine Steigerung der Zugfestigkeit des Komposites um den Faktor 6,7 festgestellt. Die spezifische Bruchenergie nahm um den Faktor 2,4 zu. Im Hinblick auf die Rissbildung und Faserauszugverhalten zeigten sich ähnliche Tendenzen wie in [13].

3.4 Stoffgesetz für das Verhalten unter Zugbeanspruchung

Im Gegensatz zum herkömmlichen Beton müssen bei hochduktilem Beton zur effektiven Ausnutzung des Werkstoffs die Spannungsaufnahme und Verformungskapazität unter Zugbe-lastung bei der Bemessung und Schnittgrößenermittlung unmittelbar berücksichtigt werden. Für die „gewöhnliche" Bemessung bzw. für die Analyse des Einflusses der Beanspruchbarkeit des Werkstoffes unter Zug auf das mechanische Verhalten der Konstruktion reicht die Materialbeschreibung als elastisch-plastisch aus (Bild 6). Die Kennwerte $\sigma_{t,zul}$ und $\varepsilon_{t,zul}$ sind unter Verwendung von Abminderungsfaktoren aus den Messwerten der Erstrissspannung σ_1 bzw. f_t und der Bruchdehnung ε_{tu} abzuleiten.

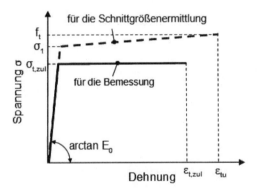

Bild 6: Stoffgesetz für das Betonverhalten unter einaxialer Zugbeanspruchung

Für die Schnittgrößenermittlung bzw. eine Analyse des Festigkeits- und Verformungsverhaltens der Konstruktion ist, auch unter der Prämisse der Vereinfachung, eine möglichst präzise Wiedergabe des charakteristischen Materialverhaltens anzustreben. Dieser Forderung wird hier durch die Wahl einer bilinearen Spannungs-Dehnungskurve, bestehend aus zwei ansteigenden Geradenabschnitten, Rechnung getragen. Vier Werkstoffparameter sind relevant: der E-Modul E_0, die Erstrissspannung σ_1, die Zugfestigkeit f_t und die Bruchdehnung ε_{tu}.

4 Dauerhaftigkeit

Das große Thema Dauerhaftigkeit kann hier nur kurz angeschnitten werden. Der Sachstandbericht des RILEM-Komitees 208-HSC [16] liefert eine deutlich umfassendere und detailliertere Darstellung des Sachstandes. Des Weiteren ist auf die Artikel [17] und [18] hinzuweisen. Insbesondere ist hier die positive Wirkung der geringeren Rissbreiten in hochduktilem Beton im Vergleich zu herkömmlichem Beton hervorzuheben, die zur Reduktion des Eindringens von korrosiven Medien und damit zur Verbesserung der Dauerhaftigkeit der Beton- und Stahlbetonbauwerke führt. Hinzu kommt, dass die feinen Risse ein ausgesprochenes Selbstheilungsvermögen aufweisen.

Die erfolgreiche Anwendung jedes neuen Baustoffes, und dies bezieht sich in vollem Maße auch auf hochduktilen Beton, ist jedoch erst dann gesichert, wenn ein gut begründetes Dauerhaftigkeitskonzept vorliegt, welches eine hohe Ausnutzung des Materialwiderstandes ermöglicht und gleichzeitig die Schadensgefahr gering hält. Geringe Erfahrung mit einem neuen Baustoff und eine meist sehr eingeschränkte Datenbasis erfordern neue Herangehensweisen bei der Vorhersage der Dauerhaftigkeit. Der deterministische Ansatz wie in der aktuellen Betonnorm ist hier nicht zielführend. Da für den neuen Baustoff keine ausreichenden Daten zur Aufstellung von rein probabilistischen Nachweiskonzepten vorliegen, muss der probabilistische Ansatz mit erweiterten Unschärfemodellen kombiniert werden [19]. Ein solches Dauerhaftigkeitskonzept ermöglicht unter anderem auch die Einbindung von Expertenwissen, welches sich nicht in Zahlen fassen lässt. Auf der Grundlage von nur wenigen Daten gelingt die Vorhersage einer Bandbreite möglicher Lebensdauern eines Bauwerkes. Dies wurde exemplarisch bereits für chloridbeaufschlagte stahlbewehrte Bauteile aus hochduktilem Beton demonstriert [20, 21]. Außerdem ermöglichen fuzzy-probabilistische Analysen eine gezielte Planung von experimentellen Untersuchungen, die eine Zuschärfung der Daten für maßgebliche Einflussparameter herbeiführen.

5 Anwendungen

Die Anwendungen von hochduktilem Beton sind aufgrund der Neuheit dieses Werkstoffes noch rar. Die im Folgenden dargestellten Beispiele sollen jedoch einige wichtige Einsatzgebiete bzw. auch das mögliche Anwendungsspektrum aufzeigen.

5.1 Ingenieurbau

Die Verwendung hochduktiler Betone führt zu einer deutlich höheren Tragfähigkeit und Sicherheit von Betonbauwerken, insbesondere bei stoßartiger Belastung. In hoch beanspruchten Bereichen von Stahlbetonkonstruktionen könnten Bauelemente aus hochduktilem Beton für ein hohes Verformungsvermögen bzw. eine hohe Energieabsorption sorgen. Diese Idee wurde vor kurzem in Japan an zwei Stahlbetonhochbauten in Tokio und Yokohama umgesetzt, siehe Bild 7. Die Kupplungselemente aus mit Stabstahl bewehrtem hochduktilem Beton werden zwischen schubsteifen Wandelementen angeordnet und wirken im Falle eines Erdbebens als Energieabsorber [22].

An der TU Dresden werden im laufenden Forschungsvorhaben stahlbewehrte Bauteile aus hochduktilem Beton für fugenlose Konstruktionen im Brückenbau untersucht [23]. Durch den Einsatz des neuen Werkstoffes im Bereich von Fahrbahnübergängen können seine besonderen Materialeigenschaften für eine effiziente und dauerhafte Bauweise genutzt werden. Hierzu wurden Zugversuche an großformatigen Betonscheiben mit unterschiedlichen Bewehrungskonfigurationen geprüft. Damit konnte sowohl der Einfluss der Fasern auf das Gesamttragverhalten als auch der Einfluss der Bewehrung auf die Rissbildung in hochduktilem Beton analysiert werden.

Bild 7: Hochhaus in Tokio mit Kupplungselementen (Pfeile) aus hochduktilem Beton

5.2 Instandsetzung von Bauwerken

Außerdem ist der Einsatz hochduktiler Betone für die Instandsetzung bzw. Verstärkung von Bauwerken vielversprechend. Bild 8 zeigt, dass sich die im Altbeton vorliegenden Risse nicht – wie im Falle eines konventionellen Reparaturmörtels – fast ungehindert in die Reparaturschicht fortpflanzen, sondern diese groben Risse werden durch hochduktilen Beton in eine große Anzahl sehr feiner, unschädlicher und sich bei hinreichendem Feuchteangebot komplett selbstheilender Risse aufgeteilt.

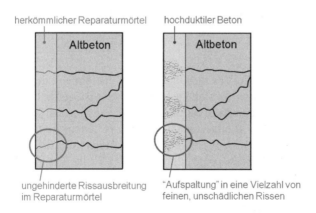

Bild 8: Rissentwicklung in einer Reparaturschicht aus herkömmlichem Mörtel (links) und aus hochduktilem Beton (rechts)

Das an der TU Dresden entwickelte Material wurde im Sommer 2011 erfolgreich für die Ertüchtigung eines Teils des Oberbeckens des Pumpspeicherkraftwerks Hohenwarte II in Thüringen eingesetzt. Es ging in diesem Projekt darum, die Dichtheit der Betonwände dauerhaft wiederherzustellen, was durch die Reprofilierung der abgewitterten Betonoberfläche und die damit einhergehende Schließung der Risse und undichten Fugen erzielt wurde. Der hochduktile Beton wurde – je nach Untergrundunebenheit – in einer Dicke von eins bis fünf Zentimeter durch Nassspritzverfahren aufgebracht, siehe Bild 9. Das Verhalten des neuen Reparatursystems wird in den nächsten Jahren intensiv beobachtet.

In Gifu (Japan) wurde eine durch AKR geschädigte Betonstützwand (18 m lang und 5 m hoch) mit einer 50-70 mm starken Schicht aus hochduktilem Beton instandgesetzt. Seit dem Ende der Reparaturmaßnahmen im April 2003 wird die Stützmauer kontinuierlich beobachtet. Nach 24 Monaten wurden in der Reparaturschicht Rissbreiten von 100 µm gemessen, während die Risse in einer mit einem konventionellen Reparaturmörtel instandgesetzten Referenzfläche 0,2 mm bzw. 0,3 mm breit waren [22]. Weitere gute Erfahrungen wurden in Japan bei der Sanierung von Aquädukten gesammelt [22]. In den USA wurden zwei Brückendecken mit hochduktilem Beton erfolgreich instand gesetzt.

Bild 9: Sanierung der Betonwand eines Wasserspeicherkraftwerkes mit hochduktilem Spritzbeton

In einigen Fällen könnte die Verstärkung von Stahlbetonbauteilen durch hochduktilen Beton eine adäquate Lösung darstellen. Die statische Biegetragfähigkeit der verstärkten Balken oder Platten kann dann durch die Berücksichtigung der gerissenen Verstärkungsschicht gemäß Bild 10 abgeschätzt werden. In jedem Fall erscheint der Einsatz von hochduktilem Beton zur Verstärkung von Bauteilen sinnvoll, die im Hinblick auf energiereiche, stoßartige Beanspruchungen wie z.B. Erdbeben, Anprall oder Beschuss zu ertüchtigen sind.

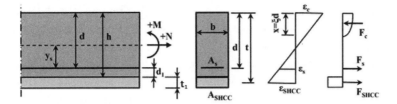

Bild 10: Innere Kräfte und Dehnungen im Querschnitt eines Stahlbetonbalkens oder einer Stahlbetonplatte verstärkt durch eine Schicht aus hochduktilem Beton

Derzeit wird am Institut für Baustoffe der TU Dresden ein hochduktiler Spritzbeton als Verstärkungsmaterial für Mauerwerk entwickelt und erprobt. Die ersten Ergebnisse aus Schubversuchen an Mauerwerkelementen zeigen eine sehr deutliche Zunahme der Schubfestigkeit, des Verformungsvermögens und der Bruchenergie als Folge der Verstärkung mit einer 10 mm dicken Schicht aus hochduktilem Beton [24].

5.3 Betonfertigteile

Ein weiteres mögliches Anwendungsgebiet ist die Herstellung von dünnwandigen Bauteilen (Fassadenelemente, Rohre, integrierte Schalungen etc.), bei denen eine konventionelle Bewehrung wenig wirksam und gegen Korrosion nicht hinreichend geschützt ist.

6 Zusammenfassung

Die Duktilität des Betons hat einen ausgeprägten positiven Einfluss auf die Trag- und Gebrauchsfähigkeit von Betonkonstruktionen sowohl bei statischer als auch bei dynamischer Beanspruchung. Auf der Basis mehrskaliger Modellierungsansätze können hochduktile Betone gezielt entwickelt und optimiert werden. Diese weisen bei einem Kunststofffasergehalt von ca. 2 Vol.-% unter Zugbeanspruchung ein ausgeprägtes Verfestigungsverhalten und eine Bruchdehnung von ca. 2 bis 7 % auf.

Das Verhalten von hochduktilem Beton unter Druckbeanspruchung unterscheidet sich nicht prinzipiell von dem konventioneller Faserbetone und kann daher im Allgemeinen anhand gängiger Druckprüfungen ermittelt werden. Für die Erfassung des charakteristischen Verhaltens hochduktiler Betone unter Zugbeanspruchung erwiesen sich die Zugversuche an ungekerbten, taillierten Prüfkörpern mit unverdrehbaren Lasteinleitungsplatten als am besten geeignet. Für die Bemessung und Schnittgrößenermittlung kann das Materialverhalten unter monotoner Belastung mit bi-linearen stoffgesetzlichen Beziehungen beschrieben werden.

Erste Ergebnisse zum hochzyklischen Ermüdungsverhalten von hochduktilem Beton zeigten, dass seine Zugfestigkeit und Bruchdehnung im Vergleich zu der statischen, monotonen Belastung reduziert werden. Mit steigender Verzerrungsrate nimmt die Bruchenergie und die Bruchdehnung von hochduktilem Beton bei Dehnungsraten < 1 s^{-1} ab, während die Zugfestigkeit zunimmt. Das Versagen wird spröder. Bei höheren, hochdynamischen Belastungen nehmen die Bruchenergie und die Bruchdehnung wieder deutlich zu. Eine besonders starke Zunahme ist aber für die Zugfestigkeit zu verzeichnen.

Die Dauerhaftigkeit hochduktiler Betone bzw. der Schutz der Stahlbewehrung durch hochduktilen Beton werden maßgeblich durch die spezifische multiple Rissbildung mit kleinen Rissbreiten beeinflusst. Hochduktiler Beton weist einen deutlich höheren Widerstand gegenüber dem Eindringen korrosiver Medien auf als gerissener herkömmlicher Beton. Die adäquaten Konzepte zur Dauerhaftigkeitsbemessung von Bauteilen aus hochduktilem Beton sind noch zu entwickeln.

Die genannten Anwendungsbeispiele demonstrieren das große Potential hochduktilen Betons. Aufgrund des vorteilhaften, leicht beschreibbaren Spannungs-Dehnungsverhaltens könnte die Verwendung dieser Betonart sowohl den Neubau als auch die Instandsetzung von Betonbauwerken in speziellen Anwendungsgebieten revolutionieren.

Literatur

[1] LI, V. C.: From micromechanics to structural engineering – The design of cementitious composites for civil engineering applications. JSCE J. of Struc. Mechanics and Earthquake Engineering 10 (1993) 37-48.

[2] Toledo Filho, R.D., Silva, F.A., Koenders, E.A.B., Fairbairn, E.M.R. (eds.): Strain Hardening Cementitious Composites (SHCC2-Rio). RILEM Proceedings PRO 81, RILEM Publications S.A.R.L. 2011.

[3] Mechtcherine, V. (Hrsg.): Hochduktile Betone mit Kurzfaserbewehrung – Entwicklung, Prüfung, Anwendung. Stuttgart: ibidem Verlag 2005.

[4] Naaman, A. E.: Strain hardening and deflection hardening fiber reinforced cement composites. In: High Performance Fiber Reinforced Cement Composites (HPFRCC4), A. E. Naamann and H. W. Reinhardt (eds.), Ann Arbor, Michigan, RILEM Publications (2003) 95-104.

[5] Boshoff, W. P, Mechtcherine, V., Van Zijl, G.P.A.G.: Characterising the Time-Dependant Behaviour on the Single Fibre Level of SHCC – Part 1: Mechanism of Fibre Pull-out Creep. Cement and Concrete Research 39 (2009) 779–786.

[6] Boshoff, W. P, Mechtcherine, V., Van Zijl, G.P.A.G.: Characterising the Time-Dependant Behaviour on the Single Fibre Level of SHCC – Part 2: The rate-effects in Fibre Pull-out Tests. Cement and Concrete Research 39 (2009) 787–797.

[7] Jun, P., Mechtcherine, V.: Behaviour of strain-hardening cement-based composites (SHCC) under monotonic and cyclic tensile loading; Part 1 – Experimental investigations. Cement and Concrete Composites 32 (2010) 801–809.

[8] Curosu, I., Ashraf, A., Mechtcherine, V.: Behaviour of strain-hardening cement-based composites (SHCC) subjected to impact loading. In: Schlangen, E. et al. eds.: Proc. of the 3rd Int. RILEM Conf. on Strain Hardening Cementitious

Composites SHCC3, RILEM S.A.R.L. Publications, 2014, pp. 121-128.

[9] Jun, P., Mechtcherine, V.: Behaviour of strain-hardening cement-based composites (SHCC) under monotonic and cyclic tensile loading; Part 2 – Modelling. Cement and Concrete Composites 32 (2010) 810–818.

[10] Mueller, S., Mechtcherine, V.: High-cycles fatigue of strain-hardening cement-based materials (SHCC). In: Schlangen, E. et al. eds.: Proc. of the 3rd Int. RILEM Conf. on Strain Hardening Cementitious Composites SHCC3, RILEM S.A.R.L. Publications, 2014, pp. 137-144.

[11] Yang, E., V.C. Li, V.C.: Rate dependence in engineered cementitious composites. In: Int. RILEM Workshop on HPFRCC in Structural Applications, RILEM Publications S.A.R.L., PRO 49, Honolulu, USA (2005) 83-92.

[12] Douglas, K. S.; Billington, S. L.: Rate-dependence in high-performance fiber-reinforced cement-based composites for seismic applications. In: Fischer G.; Li, V. C. (eds.): Int. RILEM Workshop on HPFRCC in Structural Applications, Honolulu, 2005, RILEM Publications S.A.R.L., PRO 49 (2006) 17-26.

[13] Mechtcherine, V., Silva, F. A., Butler, M., Zhu, D., Mobasher, B., Gao, S.-L., Mäder, E.: Behaviour of strain-hardening cement-based composites under high strain rates. Journal of Advanced Concrete Technology 9 (2011) 51-62.

[14] Mechtcherine, V., Silva, F., Müller, S., Jun, P., Toledo Filho, R. D.: Coupled strain rate and temperature effects on the tensile behavior of strain-hardening cement-based composites (SHCC) with PVA fibers. Cement and Concrete Research 42 (2012) 1417-1427.

[15] Mechtcherine, V., Millon, O., Butler, M., Thoma, K.: Mechanical behaviour of strain-hardening cement-based composites under impact loading. Cement and Concrete Composites 33 (2011) 1–11.

[16] Van Zijl, G.P.A.G., Wittmann, F.H. (eds.): Durability of Strain-Hardening Fibre-Reinforced Cement-Based Composites. RILEM State-of-the-Art Report 4, Springer Verlag 2010.

[17] Van Zijl, G. P. A. G., Wittmann, W. H., Oh, B. H., Kabele, P., Toledo Filho, R. D., Fairbairn, E. M. R., Slowik, V., Ogawa, A., Hoshiro, H., Mechtcherine, V., Altmann, F., Lepech, M. D.: Durability of strain-hardening cement-based composites (SHCC). Materials and Structures 45 (2012) 1447-1463.

[18] Mechtcherine, V.: Towards a durability framework for structural elements and structures made of or strengthened with high-performance fibre-reinforced composites. Construction and Building Materials 31 (2012) 94-104.

[19] Altmann, F., Mechtcherine, V.: Durability design strategies for new cementitious materials. Cement and Concrete Research 54 (2013) 114–125.

[20] Altmann, F., Sickert, J.-U., Mechtcherine, V., Kaliske, M.: A fuzzy-probabilistic durability concept for strain-hardening cement-based composites (SHCCs) exposed to chlorides: Part 1: Concept development. Cement and Concrete Composites 34 (2012) 754-762.

[21] Altmann, F., Sickert, J.-U., Mechtcherine, V., Kaliske, M.: A fuzzy-probabilistic durability concept for strain-hardening cement-based composites (SHCC) exposed to chlorides: Part 2 – Application example. Cement and Concrete Composites 34 (2012) 763-770.

[22] Rokugo, H.: Applications of Strain Hardening Cementitious Composites with multiple cracks in Japan. In: Hochduktile Betone mit Kurzfaserbewehrung – Entwicklung, Prüfung, Anwendung, V. Mechtcherine (Hrsg.), Stuttgart: ibidem Verlag (2005) 121-133.

[23] Mündecke, E., Mechtcherine, V.: Mechanical behaviour of slabs made of strain-hardening cement-based composite and steel reinforcement subject to uniaxial tensile loading. In: FRC 2014 Joint ACI-fib International Workshop, Fibre Reinforced Concrete: from Design to Structural Applications, 2014, accepted for publication.

[24] Mechtcherine, V.: Novel cement-based composites for the strengthening and repair of concrete structures. Construction and Building Materials 41 (2013) 365–373.

Infraleichtbeton – Stand 2015

Mike Schlaich, Claudia Lösch, Alex Hückler

1 Einleitung

In der Entwicklung des Leichtbetons sind im Lauf des 20. Jahrhunderts verschiedene Meilensteine zu verzeichnen. Hierzu zählen insbesondere die Erfindung des Drehofens im Jahr 1902 durch Thomas Edison, die ausschlaggebend für die Herstellung leichter Zuschlagsstoffe war, sowie die Entwicklung von Betonzusatzmitteln wie z.B. Stabilisierer, Fließmittel und Betonverflüssiger in den 1970er Jahren, die eine Steuerung der Konsistenz und somit die Pumpfähigkeit von Leichtbeton ermöglichten [1], [2]. Nach einer zwischenzeitlichen Schwächung der Leichtbetonindustrie durch die Ölkrise von 1973 stieg die Attraktivität von Sichtbetonbauwerken in Leichtbeton durch verbesserte Materialeigenschaften wieder an [1], [3] (vgl. Bild 1).

Heute werden unter dem Begriff Leichtbeton verschiedene Werkstoffe verstanden. Neben den nach EC2 [4] geregelten Leichtbetonen mit einer Trockenrohdichte zwischen 800 und 2000 kg/m^3 ist beispielsweise der Poren- bzw. Gasbeton häufig in der Praxis zu finden. Er zählt zur Kategorie der offenporigen Leichtbetone und wird als Mauerstein verbaut. Porenbeton ist durch gute Wärmedämmeigenschaften, jedoch geringe Druckfestigkeiten gekennzeichnet und damit konstruktiv nur begrenzt einsetzbar [5]. Sogenannte Dämmbetone - gefügedichte Leichtbetone mit geringer Wärmeleitfähigkeit – haben dagegen so gute Festigkeitseigenschaften, dass der Bau homogener Wandkonstruktionen auch bei mehrgeschossigen Gebäuden möglich ist [5]. Mittlerweile bringen jedoch die Anforderungen der aktuellen Energieeinsparverordnung (EnEV) [6] viele am Markt vertretene Dämmbetone an ihre Grenzen.

Aus dieser Situation heraus wurde an der Technischen Universität Berlin (TU Berlin) ein Leichtbeton entwickelt, der mit einer Trockenrohdichte unterhalb der nach EC 2 [4] geregelten Leichtbetone von 800 kg/m^3 liegt. Die grundlegende Idee der Entwicklung des Infraleichtbetons (Infra-Lightweight Concrete (ILC)) ist die Rückkehr zum monolithischen Bauen, indem ein tragendes und gleichzeitig wärmedämmendes Material als Bauwerkshülle eingesetzt wird. Der Infraleichtbeton ermöglicht dies trotz der gestiegenen energetischen Anforderungen durch eine Kombination ungewöhnlich guter Dämmeigenschaften mit vergleichsweise hohen Festigkeiten. Die Vorteile der monolithischen Bauweise liegen dabei auf der Hand: technisch einfache Konstruktionen, Robustheit, Energieeffizienz und Eleganz sind die Eigenschaften, die hier aufzuführen sind.

Prof. Dr. sc. techn. Mike Schlaich, Dipl.-Ing. Dipl.-Wirt. Ing. Claudia Lösch, Dipl.-Ing. Alex Hückler, TU Berlin, Fachgebiet Entwerfen und Konstruieren – Massivbau

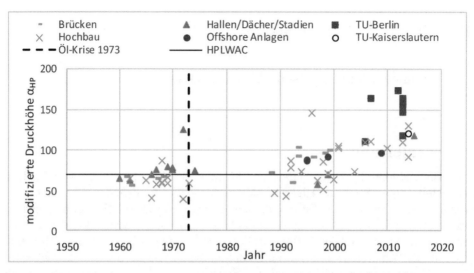

Bild 1: *Historische Entwicklung der Leistungsfähigkeit von Leichtbeton [2]*

2 Stand der Forschung

Erste Ergebnisse der Erforschung des Infraleichtbetons wurden in der Doktorarbeit von Mohamed El Zareef, „Conceptual and structural design of buildings made of lightweight and infralightweight concrete" [7] im Jahr 2007 veröffentlicht. Kurz darauf erfolgte die Erstellung eines ersten Referenzgebäudes in Form eines Einfamilienhauses aus Infraleichtbeton in Berlin.

Seit dieser ersten Forschungsphase [8] wurde die Entwicklung des Infraleichtbetons konsequent vorangetrieben. Mittlerweile stehen verschiedene Rezepturen mit unterschiedlichen Trockenrohdichten zur Verfügung, deren Festigkeitseigenschaften im Vergleich zur ursprünglichen ILC-Rezeptur von 2007 bei gleichwertigen Wärmedämmeigenschaften 2012 [9] deutlich verbessert werden konnten. Außerdem ist es seit 2014 möglich gezielt Infraleichtbeton in verschiedenen Rohdichteklassen abgestuft herzustellen. In Tabelle 1 sind die Eigenschaften der verschiedenen Entwicklungsphasen zusammengefasst.

Tabelle 1: Entwicklung der Infraleichtbeton-Rezepturen

	2007 [8]	2012 [9]	2014					
Trockenrohdichte [kg/m³]	760	780	800	750	700	650	600	550
Würfeldruckfestigkeit [MPa]	7,0	13,0	13,2	11,8	10,7	7,5	6,3	5,8
Biegezugfestigkeit [MPa]	0,95	3,00						
Spaltzugfestgkeit [MPa]	0,55	1,30						
Elastizitätmodul [MPa]	4000	5500						
Wärmeleitfähigkeit [W/m·K]	0,181	0,193	0,193	0,178	0,166	0,153	0,141	0,129
Frischbetonrohdichte [kg/m³]	1000	1050						

Zu einer Vielzahl von Themen wurden bereits erste Untersuchungen durchgeführt:
- Bestimmung und Bewertung der spezifischen Wärmekapazität
- Optimierung der Festigkeit von Infraleichtbeton
- Experimentelle Untersuchungen an gradierten Infraleichtbetonbalken
- Numerische Untersuchung an Bauteilen aus gradiertem Infraleichtbeton
- Kriechen und Schwinden von Infraleichtbeton
- Oberflächennachbehandlung und Betonkosmetik von Infraleichtbeton
- Wasserdampfdurchlässigkeit von Infraleichtbeton
- Entwicklung von Betonrezepturen zur Herstellung von Infraleichtbeton in verschiedenen Rohdichteklassen
- Beschreibung des Lastabtrags im Infraleichtbeton mittels optischer Verformungsanalyse
- Experimentelle Untersuchungen zum Einfluss von Microsilica auf die Festigkeit von Infraleichtbeton
- Gezieltes Aufschäumen von Infraleichtbeton
- Thermische Außenwandaktivierung am Beispiel von Infraleichtbeton
- Riss- und Verformungsverhalten von bewehrtem Infraleichtbeton
- Experimentelle Untersuchungen zur Bruchmechanik von Infraleichtbeton
- Verhalten von Infraleichtbeton bei hohen Temperaturen

Im Jahr 2012 gewann das „Smart Material House" [10], entworfen von Barkow Leibinger Architekten, schlaich bergermann und partner und Transsolar Energietechnik, basierend auf Infraleichtbeton-Fertigteilen (vgl. Bild 2) in Zusammenarbeit mit der TU Berlin den 2. Platz des weltweiten Holcim Awards für nachhaltiges Bauen.

Bild 2: Smart Material House, 2. Platz beim Global Holcim Award; Prototyp aus Infraleichtbeton [10]

Die heutigen Forschungstätigkeiten konzentrieren sich aktuell auf verschiedene Drittmittelprojekte. Das Trag- und Verformungsverhalten von biegebeanspruchten Bauteilen aus Infraleichtbeton wird zurzeit im Rahmen eines von der DFG geförderten Projektes untersucht. Die zugehörigen Ergebnisse werden voraussichtlich bis Ende 2015 im Rahmen einer Doktorarbeit [11] veröffentlicht. Ebenfalls in 2015 steht der Beginn des BMBF-Projekts „Multifunktionale Leichtbetonbauteile mit inhomogenen Eigenschaften" an, das u.a. Aspekte wie lokales Steuern der Eigenschaften (insbesondere Porosität) von Infraleichtbeton, die Kombination mit Wandaktivierung und Vakuumisolation zum Thema hat (vgl. Bild 3).

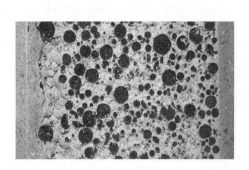 

Bild 3: Prinzip der gesteuerten Porosität im Infraleichtbeton; Probekörper mit Kapillarrohrmatten für Wandaktivierung

Darüber hinaus ist die Durchführung eines weiteren Projekts zum Einsatz von wärmedämmenden Infraleichtbetonwänden mit knickstabilisierter Druckbewehrung geplant, auf das später im Abschnitt 4 noch detaillierter eingegangen wird. Hintergrund ist die bislang durch die geringeren Festigkeiten des Materials bedingte Begrenzung der Bauhöhe. Durch die mit Druckbewehrung verstärkten „Stabwände" soll der Einsatz von Infraleichtbeton im Hochhausbereich ermöglicht werden.

Im Februar 2014 begann die Bearbeitung des Drittmittelprojekts „Infraleichtbeton im Geschosswohnungsbau (INBIG)", gefördert durch die Forschungsinitiative Zukunft Bau des Bundesinstituts für Bau-, Stadt- und Raumforschung (BBSR) im Bundesamt für Bauwesen und Raumordnung. Ziel ist hierbei die Förderung der Marktakzeptanz des Materials durch Aufzeigen des Potentials für den Geschosswohnungsbau. Die Inhalte des Projekts werden im Folgenden näher erläutert.

3 Infraleichtbeton im Geschosswohnungsbau

Im zweijährigen Forschungsvorhaben „Infraleichtbeton im Geschosswohnungsbau" (INBIG) werden die architektonischen und baukonstruktiven Potentiale untersucht, die Infraleichtbeton für den Geschosswohnungsbau bietet, um die Anwendung des wärmedämmenden Hochleistungsbetons in der Praxis zu fördern.

Dämmbeton gilt heute als Sondermaterial, dessen Einsatz nur in wenigen Fällen – z.B. bei Einfamilienhäusern – möglich ist. Diese Einschränkung trifft auf Infraleichtbeton nicht zu: Seine relativ hohe Druckfestigkeit und geringe Wärmeleitfähigkeit im Vergleich zu bekannten Dämmbetonen ermöglichen den Einsatz in tragenden und wärmedämmenden Bauteilen im Geschosshochbau. Diese Voraussetzungen gaben den Anlass, die Einsatzmöglichkeiten von ILC intensiver zu erforschen.

Als Untersuchungsfeld wurde der Geschosswohnungsbau gewählt – einerseits um den Umfang einzugrenzen und andererseits weil dieser Gebäudetyp für die Anwendung von Infraleichtbeton besonders geeignet ist. Dafür sprechen die dafür bevorzugte Massivbauweise mit moderaten Spannweiten, der aktuelle Wohnungsbedarf in Großstädten und die hohe Wohnqualität, die ILC durch Eigenschaften wie Diffusionsoffenheit, warme Oberflächen in Sichtbetonqualität und Schallschutz erzeugt.

Maßgebend für den Erfolg des Projekts ist die Bearbeitung durch ein interdisziplinäres Team aus Bauingenieuren und Architekten. Nur so kann eine ganzheitliche Sicht auf architektonische und baukonstruktive Möglichkeiten des Materials gewährleistet werden. Darüber hinaus wird das Projekt durch Förderer und Berater mit Fachwissen aus verschiedensten Bereichen, wie z.B. der Bauphysik, der Energietechnik und unterschiedlichsten Bereichen der Architektur, unterstützt.

Das Projekt ist in fünf Arbeitspakete gegliedert. In einer ersten Phase wurden als Ausgangsbasis der nationale und internationale Stand der Forschung recherchiert sowie eine Bestandsaufnahme existierender Referenzobjekte erstellt und diese zum Teil besichtigt. Darauf aufbauend wurden im zweiten Schritt exemplarische Entwürfe von typischen Geschosswohnungsbauten entwickelt.

3.1 Typenentwürfe

Es wurden vier prägnante Typen des Geschosswohnungsbaus betrachtet: Punkthaus, Zeilenbau, Blockrandbebauung und Baulückenschließung. Aufgabe war es, für diese Typen insgesamt 6 Entwürfe mit 4 bis 6 Vollgeschossen unter besonderer Berücksichtigung der Materialeigenschaften des ILC zu entwickeln.

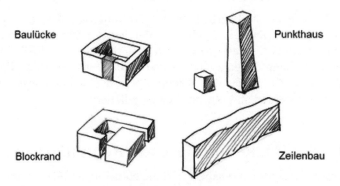

Bild 4: Charakteristische Typen des Geschosswohnungsbaus

In dieser Phase spielte die enge Zusammenarbeit zwischen Architekten und Bauingenieuren eine besonders große Rolle, um die Fragestellungen aus den speziellen Eigenschaften des Infraleichtbetons entwurflich zu erörtern.

Eines der Ziele der Entwurfsarbeit war es, aus tragwerksplanerischer Sicht die Grenzen des Materials aufzuzeigen. Hieraus ergaben sich Fragen wie

- realisierbare Geschosszahlen auf Basis der geringeren Festigkeiten,
- mögliche Stützweiten von biegebeanspruchten Bauteilen zur Realisierung von großen Fensteröffnungen in ILC-Wandscheiben,
- Auswirkungen der erhöhten Kriech- und Schwindneigung des Materials auf die Konstruktion und ggf. resultierende Grenzen bei großformatigen Bauteilen,
- möglichst einfache Konstruktionen der Anschlussdetails.

Die Architektur wiederum beschäftigte sich mit Aspekten, die u.a. aus der Kombination der Thematik Sichtbeton und der Dicke des Materials resultierten. Als Stichpunkte sind hier die Skulptur, das Element der „dicken Wand" mit den einhergehenden Möglichkeiten sowie Optionen der Oberflächen- bzw. Fassadengestaltung zu nennen. Das materialgerechte Entwerfen lag dabei immer im Mittelpunkt.

Auf dieser Basis wurden die folgenden Entwürfe entwickelt (vgl. Bild 5): 2x Baulücke, 2x Zeilenbau, 1x Blockrand und 2x Punkthaus (1x Stadtvilla, 1x mehrgeschossig).

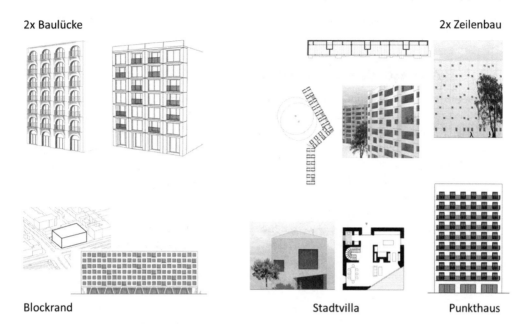

Bild 5: Übersicht INBIG Typenentwürfe

Mit den Entwürfen konnte gezeigt werden, dass für die meisten Gebäudetypen 6 bis 7 Geschosse realistisch sind. Je nach Tragwerk sind auch 9 bis 10 Geschosse machbar.

Des Weiteren erwies sich die Kombination von ILC-Außenwänden mit Holzdecken aufgrund der ähnlichen Wärmeleitfähigkeiten als interessant, da hierdurch eine lokale Schwächung der Wärmedämmung durch Einbindung einer Normalbetondecke in die ILC-Wand vermieden werden konnte. Die hybride Bauweise mit ILC und Holz wurde bei den beiden Zeilenbauten näher untersucht.

Zur Ermittlung möglicher Stützweiten für Fensteröffnungen wurde zunächst davon ausgegangen, dass die Bemessungsansätze des EC 2 [4] für Leichtbeton auf biegebeanspruchte Infraleichtbeton-Bauteile übertragbar sind. Diese Annahme wird zur Zeit noch durch die o.g. Forschungsarbeiten [11] verifiziert. Neben der Tragfähigkeit spielte hier auch die Gebrauchstauglichkeit eine wichtige Rolle, da die Durchbiegungen u.a. durch die erhöhte Kriech- und Schwindneigung beeinflusst werden. Spannweiten von ca. 4-5 Metern in den Entwürfen sind machbar.

Wesentliche Parameter bei der Entwurfserarbeitung bildeten auch die Anforderungen der Energieeinsparverordnung. Alle Entwürfe wurden so ausgelegt, dass der zukünftige, verschärfte Energie-Standard für Neubauten der EnEV 2014 [12] – der ab 01. Januar 2016 gilt - eingehalten wird. Ein interessanter Aspekt hierbei war, dass die in der heutigen Architektur oft zu findenden, vergleichsweise großen Fensterflächenanteile dazu führen, dass die Wärmedämmeigenschaften des Wandmaterials selbst vergleichsweise an Einfluss verlieren. Hierdurch waren die an das Gebäude insgesamt gestellten Anforderungen mit Infraleichtbeton gut erfüllbar.

Die entwickelten Entwürfe bilden die Basis für die nachfolgende Ausarbeitung konstruktiver Details.

3.2 Baukonstruktive Ausarbeitung

In der dritten, nun anstehenden Phase des Projekts werden die Entwürfe konstruktiv detailliert, und es werden prägnante Details, die in der Ausführung in Infraleichtbeton besonderer Beachtung bedürfen, systematisch untersucht und weiterentwickelt. Von Interesse sind hierbei insbesondere Anschlussdetails wie z.B. verschiedene Fenstervarianten, die Einbindung von Normalbeton- oder Holzbalkendecken in Infraleichtbetonwände oder der Anschluss von Balkonen (vgl. Bild 6). Dabei steht immer im Fokus, eine technisch möglichst einfache und damit wenig anfällige Konstruktion zu erarbeiten. Zum Beispiel wird aktuell untersucht, ob die Einbindung von Balkonen aus ILC ohne zusätzliche Dämmschicht realisierbar ist, ohne den Rahmen üblicher Wärmebrückeneffekte von vergleichbaren Standarddetails zu überschreiten.

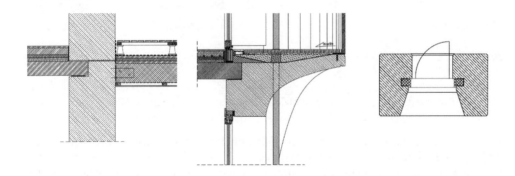

Bild 6: Untersuchung von Anschlussdetails hinsichtlich ILC-spezifischer Eigenschaften: Einbindung Decken in ILC-Wand; Ausbildung ILC-Balkon; Fensteranschluss mittig

Die entwickelten Lösungen werden parallel aus energietechnischer Sicht untersucht. Dies beinhaltet u.a. Wärmebrückenberechnungen verschiedener Anschlusskonstruktionen sowie thermische Simulationen auf Basis eines Punkthaus-Entwurfs zur Einordnung der ILC-Bauweise im Vergleich zu einem herkömmlichen Wandaufbau mit Wärmedämmverbundsystem.

Während der baukonstruktiven Ausarbeitung der Entwürfe werden besonders prägnante Details ausgewählt, die später anhand von Prototypen näher untersucht werden sollen, und die zugehörigen Fertigungsplanungen erstellt.

3.3 Untersuchung von Prototypen

Ziel ist es, anhand verschiedener Prototypen ausgewählte Anschlussdetails im Hinblick auf Baubarkeit, Belastbarkeit (z.B. auch von Einbauteilen), das Verhalten unter Schlagregenbeanspruchung (vgl. Bild 7) u. ä. zu untersuchen. Begleitend hierzu werden in verschiedenen Kleinversuchen Eigenschaften wie z.B. Wassereindringtiefe, Wasserdampfdiffusion, Frost-Tau-Widerstand und Schwindverhalten geprüft, sowie beispielsweise Tests zum frühestmöglichen Ausschalzeitpunkt und zur maximalen Fallhöhe bei der Betonage durchgeführt.

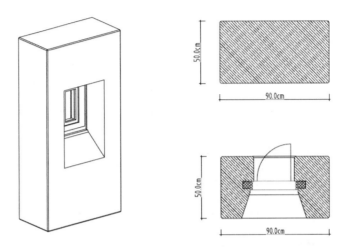

Bild 7: Variante eines Prototyps für die Untersuchung im Schlagregenstand

Ein weiteres Augenmerk liegt auf der Untersuchung von Möglichkeiten der Oberflächengestaltung. Hierzu konnten bereits in früheren Versuchen schon einige Erkenntnisse gewonnen werden [13], die nun noch in Hinblick auf verschiedene Varianten der Lasur, Färbung, Hydrophobierung oder spezieller Schalungen ergänzt werden sollen.

3.4 Leitfaden „Infraleichtbeton"

Die Fertigstellung der zuvor beschriebenen Arbeiten wird Ende 2015 erwartet. Abschließend werden die Ergebnisse der einzelnen Projektphasen ausgewertet und zusammengefasst. Die Erkenntnisse münden in einen Leitfaden für die Planung und Konstruktion von Geschosswohnungsbauten, um Bauherren, Planern und Bauunternehmen den Umgang mit Infraleichtbeton sowie das Anwendungsspektrum und architektonische Potential von ILC aufzuzeigen.

Das Projekt INBIG wird im Jahr 2016 abgeschlossen sein. Durch die Darstellung der Leistungsfähigkeit dieses bisher unterschätzten Baustoffes wird eine erhöhte Marktakzeptanz erwartet. Die Etablierung des neuen Baustoffes birgt großes Potential für eine qualitativ hochwertige, gestalterisch anspruchsvolle und nachhaltige Bauweise, die sowohl wärmedämmend als auch ressourcenschonend ist. Mit seiner einzigartigen, ökologischen Gesamtbilanz kann Infraleichtbeton einen erheblichen Beitrag zur Nachhaltigkeit des gesamten Bauwesens leisten.

Als zukünftige Forschungsaktivitäten im Bereich des Geschosswohnungsbaus ist beabsichtigt, in Zusammenarbeit mit einer Wohnungsbaugesellschaft ein erstes Pilotprojekt umzusetzen. Ebenso erscheint eine Analyse des Potentials von Infraleichtbeton für das Bauen mit Fertigteilen vielversprechend, bei dem das Material neue Perspektiven für die Nachverdichtung von bewohnten Gebieten eröffnet.

4 Ausblick

Für den Bauschaffenden, der Nachhaltigkeit ernst nimmt, kann es nicht reichen, die Energieeinsparverordnung (EnEV) [6] durch wärmedämmende Maßnahmen (z.B. durch das Vorkleben von Dämmstoff) zu erfüllen, vielmehr sind konzeptionell neue Lösungen zu finden. Einen Beitrag dazu sollen Stabwände, monolithische Tragglieder aus Infraleichtbeton mit lastabtragender Druckbewehrung, leisten.

Hierbei dient die Anatomie des Körpers aus der Natur als Vorbild. Beispielsweise übernimmt beim menschlichen Bein (Bild 8) der Skelettknochen (Bewehrung) die tragende Funktion und die Ummantelung durch die Muskulatur (ILC) alle weiteren Funktionen sowie eine teilweise Stabilisierung des Kerns. In Anlehnung daran sind neuartige, vertikale Tragelemente zu entwickeln, welche aus einem tragenden Kern aus oft ohnehin vorhandenen Bewehrungsstäben und einer stabilisierenden Ummantelung aus ILC bestehen (Bild 9). ILC ist wegen seiner geringen Rohdichte gut wärmedämmend und der eingebrachte Kern maßgeblich für den optimierten Lastabtrag verantwortlich. Dadurch werden sehr gute Dämmeigenschaften mit einer hohen Tragfähigkeit kombiniert und höherwertige Systemeigenschaften erzielt, als eine Komponente allein erreichen kann.

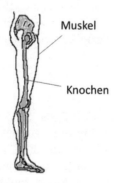
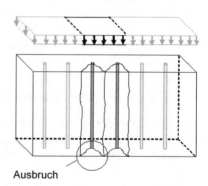

Bild 8: Skizze eines menschlichen Beins *Bild 9: „Bruchkegel" um den tragenden Kern*

Bei Stabwänden (Bild 9) wird der vertikale Lastabtrag primär durch vertikal einzubringenden, schlanke Kerne übernommen, weshalb es durch diese innovative Bauweise erforderlich ist, dass der ILC primär senkrecht zur Bauteilachse stabilisierend gegen ein Ausknicken des tragenden Kerns wirken muss. Somit entsteht eine Bauweise, welche die Vor- und Nachteile der Materialien der Komponenten berücksichtigt und dementsprechend optimal ausnutzt.

Hierbei handelt es sich um einen neuen Ansatz, da Tastversuche der TU Berlin gezeigt haben (Bild 10 und Bild 11), dass die lokale Knickstabilität der eingebetteten, schlanken Tragelemente von maßgebender Bedeutung für die Bemessung ist.

Das Ziel ist es, die bereits bewährten exzellenten Eigenschaften von ILC hinsichtlich einer energiesparenden Bauweise zu nutzen und dessen Einsatz in lasttragenden Bauteilen maßgeblich weiter zu entwickeln. Durch eine neuartige monolithische Bauweise soll der ILC weiterhin seine wärmedämmende Wirkung erfüllen, jedoch nur bedingt am vertikalen Lastabtrag beteiligt sein.

  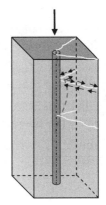

Bild 10: Tastversuche Druckstäben   *Bild 11: Ausbruchkegel der Tastversuche*   *Bild 12: Knickverformung des gebetteten Kerns*

Literatur

[1] ESCSI: Lightweight Concrete - History, Applications, Economics. USA 1971.

[2] Schlaich, M., Hückler, A.: Infraleichtbeton - Die Entwicklung zum Hochleistungsleichtbeton. Massivbau im Wandel (2014), S. 179–191.

[3] Cassinello, P., Hückler, A., Schlaich, M.: Evolution of Lightweight Concrete. From Eduardo Torroja's 1949 International Competition to date. In: Cassinello, P. (Hg.): Eduardo Torroja 1949. Strategy to industrialise housing in post-World War II. Madrid, S. 341–352.

[4] DIN Deutsches Institut für Normung e.V.: Eurocode 2: Bemessung und Konstruktion von Stahlbeton- und Spannbetontragwerken – Teil 1-1: Allgemeine Bemessungsregeln und Regeln für den Hochbau; Deutsche Fassung EN 1992-1-1:2004 + AC:2010. Berlin: Beuth Verlag (31.01.2011).

[5] Filipaj, P.: Architektonisches Potenzial von Dämmbeton. Zürich: vdf-Hochschulverl 2010.

[6] Verordnung über energiesparenden Wärmeschutz und energiesparende Anlagentechnik bei Gebäuden. EnEV 2014 2014.

[7] Zareef, M. A. M. E. (Hg.): Conceptual and structural design of buildings made of lightweight and infra-lightweight concrete 2010.

[8] Schlaich, M., Zareef, M. E.: Infraleichtbeton. Beton- und Stahlbetonbau 103 (2008), S. 175–182.

[9] Schlaich, M., Hückler, A.: Infraleichtbeton 2.0. Beton- und Stahlbetonbau 107 (2012), S. 757–766.

[10] o. V.: "House of cards" with smart materials wins Global Innovation prize. http://www.holcimfoundation.org/Article/house-of-cards-with-smart-materials-wins-global-innovation-prize, September 2013.

[11] Hückler, A.: Zur Biegung von Infraleichtbeton-Bauteilen – Werkstoff-, Verbund-, Trag- und Verformungsverhalten. Dissertation. Berlin 2015-planned.

[12] Melita Tuschinski: Neue EnEV 2014: Für welche Bauvorhaben greift der verschärfte Energie-Standard ab 2016? 02.11.2013.

[13] Loebel, J.: Oberflächennachbehandlung und Betonkosmetik von Infraleichtbeton. Bachelor Arbeit. Berlin 2013.

Entscheidungen in der Befestigungstechnik – einbetonierte Verankerungen versus Bohrmontage

Lothar Höher

1 Historie

Die Befestigungstechnik ist so alt wie das Bauen selbst [1]. Schon immer mussten Bauteile miteinander verbunden oder aneinander befestigt werden. Mit der Entwicklung neuer Baustoffe und Bauverfahren ging eine Entwicklung der Befestigungstechnik einher. Mit gesteigerten Ansprüchen der Menschheit und deren Baukunst erhöht sich der Anspruch an Leistungsfähigkeit der Befestigungen. Besonders in den letzten fünfzig Jahren ist die Technik revolutioniert worden, der Markt für Befestigungselemente gigantisch gewachsen und ist übersät von Universal- und Spezialprodukten.

Die zwei Formen der Befestigung in mineralischem Untergrund, die Einlegemontage und die nachträgliche Bohrmontage (Bild 1) sollen im Folgenden untersucht werden.

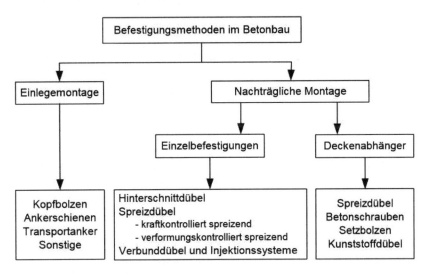

Bild 1: *Befestigungen im Betonbau [2]*

Dr.-Ing. Lothar Höher, Institut für Fassaden- und Befestigungstechnik, Leipzig

Bei der Einlegemontage werden schon bei der Errichtung eines Bauwerkes Einlegeteile wie Gewindehülsen, Ankerschienen oder Ankerplatten mit Bewehrungsanschlüssen oder Kopfbolzen in das tragende Bauteil eingesetzt. Ankerschienen bestehen aus einem C-förmigen Stahlprofil mit aufgeschweißten oder aufgenieteten Verankerungselementen. Die Schienen werden vor dem Betonieren auf der Schalung befestigt. Der Schienenkörper ist auf verschiedene Art ausgeschäumt um das Eindringen von Beton zu verhindern. Nach dem Ausschalen und Entfernen der Ausschäumung können die Anbauteile mit Hilfe systemspezifischer Hammerkopfschrauben befestigt werden.

Das Verfahren der Einlegemontage erfordert eine planerische Vorausschau, damit alle später erforderlichen Befestigungen an den vorher vom Planer definierten Punkten angebracht werden können.

Die Wurzeln der industriellen Anwendung der Einlegemontage sind verbunden mit der stürmischen Entwicklung des Betonbaues am Beginn des vorigen Jahrunderts. Aus den von Julius Kahn erfundenen „Kahneisen" entwickelte Anders Jordahl die Urform der heutigen Ankerschienen die bis heute in konstruktiver Gestaltung und in ihrer Fertigung vielfach weiterentwickelt wurden.

In den letzten 60 Jahren entstand der Einlegemontage starke Konkurrenz durch die nachträgliche Montage. Diese Entwicklung untrennbar mit den Innovationen in der Bohrtechnik verbunden. 1856 wurde die erste pneumatische Bohrmaschine erfunden, 1879 die erste elektrische Ausführung. Mit der zunehmenden Bedeutung des Betonbaus wuchsen die Anforderungen an die Bohrtechnik. So folgte der Erfindung der Schlagbohrmaschine 1918 im Jahre 1932 der Bosch Bohrhammer. Diese technologischen Randbedingungen förderten auch den Einsatz der Dübeltechnik, die nach dem zweiten Weltkrieg zu einer mehr als nur gleichwertigen Befestigungstechnik geworden ist.

Heute ist festzustellen dass sowohl mit der Einlegemontage (Ankerschienen) als auch mit der Bohrmontage (Dübeltechnik) die überwiegende Anzahl der in der Baupraxis üblichen Anwendungsfälle auf vergleichbarem Last und Sicherheitsniveau gelöst werden können.

Vor diesem Hintergrund kamen Hersteller beider Montagevarianten zum generellen Fazit:

„Sowohl die Anwendungsbereiche als auch die Kriterien für die Entscheidung über die Verwendung von Ankerschienen oder Dübeln sind nicht ausreichend bekannt."

2 Expertenbefragung zur Ermittlung der Kriterien bei der Entscheidung über die Verwendung von Befestigungssystemen

2.1 Branchenauswahl

Um die Entscheidungskriterien für die Auswahl der jeweiligen Befestigungssysteme genauer zu analysieren wurde eine Expertenbefragung im Bereich der Planer, Verarbeiter und Nutzer von Befestigungssystemen durchgeführt. Erste Untersuchungen erfolgten im Jahr 2000 [3] und wurden im Zeitraum vom September 2009 bis Juni 2010 Grundlage eines „Interviewleitfadens" [4]. Als Methode wurden hierbei ein strukturiertes Fachinterview und keine schriftliche Fragebogenaktion genutzt. Damit ergab sich eine größere Flexibilität zur Aufnahme differenzierter Anregungen der Gesprächspartner im Interviewverlauf. Entsprechend Bild 2 wurde dabei versucht alle am Entscheidungsprozess Beteiligten zu berücksichtigen.

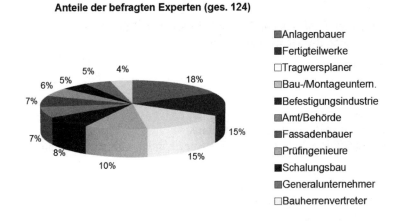

Bild 2: Interviewpartner zu den Einsatzgebieten und der Einsatzmotivation bei der Anwendung von Ankerschienen.

Im Zuge der Analyse sollten Antworten auf folgende Fragestellungen gefunden werden:

- Wo liegen die Anwendungsschwerpunkte für einbetonierte Verankerungen?
- Welche Kriterien beeinflussen die Entscheidung bei der Auswahl von Verankerungen?
- Warum werden Ankerschienen eingesetzt?
- Wer plant sie, wer baut sie ein?
- Wer nutzt sie nachfolgend?
- In welchen Fällen wird auf Ankerschienen verzichtet?
- Warum werden Alternativen gesucht?
- Welche Alternativen werden verwendet?

2.2 Verankerungsaufgaben und Anwendungsschwerpunkte

Welche Anschlussbauteile sind in welchen Bauwerken und Bauteilen zu verankern?

Das Einsatzspektrum der eingelegten Verankerungsteile ist vielfältig. Typisch sind zum Beispiel die Befestigung von vorgehängten Fassaden an Betonaußenwänden oder die Geländerbefestigung an der in der Regel schlanken Betonplatte eines Balkons. Besonders bei Tragkonstruktionen für Kabel-, Rohrleitungs- oder Lüftungstrassen, die an den Betonwände oder -decken in Installationskanälen oder -geschossen befestigt werden, spielen die Ankerschienen eine Rolle. Im Betonfertigteilbau nutzt man Ankerschienen um die einzelnen Gebäudebauteile schnell und flexibel miteinander zu verbinden, in Mischbauten setzt man sie als Maueranschlussschiene ein, um gemauerte Wände mit dem Betonkörper zu verbinden.

Im Verkehrsbau ist die Befestigung von Fahr- und Signalleitungen auf Bahntrassen oder in Tunnelstrecken ein umfangreiches Anwendungsbeispiel, in Anlagen des Vertikaltransports werden Ankerschienensysteme zur Befestigung von Führungsschienen für Aufzüge häufig eingesetzt.

Im Folgenden sind die von den Interviewpartnern benannten Verankerungsaufgaben und Anwendungsschwerpunkte aufgeführt.

- Straßentunnel
  - Lüftungsanlagen
  - Unterdecken
  - Beschilderung
  - Signal- und Kommunikationstechnik
  - Transporteinrichtungen (z.B. Transportbänder während der Bauphase)?
- Bahntunnel
  - Fahrleitungen
  - Signal- und Kommunikationstechnik
- Brücken im Verkehrswesen
  - Geländer
  - Entwässerung
  - Verkehrsleiteinrichtungen (Leitplanken, Beschilderungen,...)
  - Medientrassen
  - Lärmschutzwände
- Anlagenbau u. Produktionsausrüstungen allgemein
  - Aufstellung von Fertigungsmaschinen
  - Lagereinrichtungen (z.B. Hochregallager)
  - Transporteinrichtungen (Rollenbahnen)?
  - KFZ Parkanlagen
- Wasser- und Abwassertechnik
  - Rohrtrassen
  - Pumpen, Schieber u.ä. Aggregate
  - Wartungseinrichtungen

- Siebe, Abstreifer, Überlaufbleche
- Beckenbelüfter

– Anlagenbau u. Produktionsausrüstungen allgemein
- Kabeltrassen
- Trafoanlagen und Umformer
- Wartungseinrichtungen (Hebezeuge und Montagehilfen)
- Schalt- und Regelanlagen

– Verankerungen im Stahlbau
- Stützen- und Trägeranschlüsse
- Anlagen- und Kesselgerüste
- Gebäudeanschlüsse, Dehnungsfugen

– Energie- und Wärmetechnik
- Rohrtrassen
- Pumpen und Verdichter
- Steuer- und Regelungseinrichtungen
- Wartungseinrichtungen (Hebezeuge und Montagehilfen)
- Sprinkleranlagen

– Förderanlagenbau
- Verankerung von Aufzugführungsschienen
- Kranbahnen (Standschienen, Unterflanschkatzen)
- Transportbänder
- Trafoanlagen und Umformer

– Verankerungen im Fassadenbau
- Unterkonstruktionen und Fassadenelementen
- Geländer, Balkone und Vordächer
- Fensterverankerungen
- Licht- und Sonnenschutzanlagen
- Energie- und Klimatechnik
- Rankgerüste

– Verankerungen im Betonfertigteilbau
- Fertigteilverbindungen (i.d.R. justierbar)
- Verankerungspunkte in schlanken Bauteilen (Binder u.ä.)
- Systemverankerungen für Installations- u. Gebäudeausrüstung (Medientrassen, Unterdecken, Instabus-Systeme)

– Verankerungen im Schalungsbau
- Temporäre Verankerungen für Großschalungen
- Ankerpunkte für Montage- u. Demontagehilfen
- Absturzsicherungen.

2.3 Entscheidungskriterien der Interviewpartner

In den Expertengesprächen wurden relevante technische und technologische Kriterien für die Entscheidung über den Einsatz der Befestigungssysteme definiert. Mit höchster Priorität wurden aufgeführt:

- Tragfähigkeit und Lastabtragung
- Toleranzen
- Zeitlicher Ablauf im Bauprozess
- Fehlerempfindlichkeit und Kontrollaufwand
- Kosten der Verankerung.

2.3.1 Aussagen zur Tragfähigkeit

Die Tragfähigkeitsanforderungen an Ankerschienen in den meisten Anwendungsbereichen mit 3 kN bis 32 kN als ausreichend bezeichnet. Die Festigkeit des Verankerungsgrundes ist für Beton C12/15 bis C50/60 geregelt.

Die gleichwertige Lasteintragung in die Ankerschienenprofile in allen drei Achsrichtungen (Bild 3) ist nicht gegeben. Lasten in Schienenlängsrichtung können nicht oder nur eingeschränkt übertragen werden.

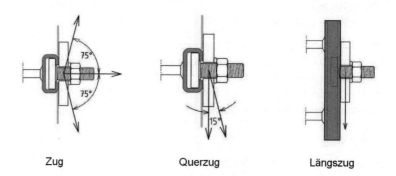

Bild 3: Richtungsdefinition der Einwirkungen auf Ankerschienen

Ankerschienenbauarten mit verzahnten Schienenlippen können, versehen mit den zugehörigen Zahnschrauben auch in Schienenlängsrichtung geringe Lasten (ca. 5 kN) übertragen. Das Anwendungsvolumen bei dem die volle Tragfähigkeit in Schienenlängsrichtung erwünscht ist wurde mit einem Anteil von 5% des Anwendungsvolumens eingeschätzt.

Doch auch für die gegenteilige Funktion, ein „Gleitlager" in Längsrichtung, wurde für Nischenlösungen ein geringer Bedarf von ca. 3% benannt.

Vorwiegend ruhende Einwirkungen galten bei allen Experten als Standardfall; „echte" dynamische Einwirkungen mit klaren charakteristischen Parameter der Einwirkungen wurden mit einem nur geringen Anwendungsumfang benannt. (Der Anteil dynamischer Belastungen wurde von den Interviewpartnern auf unter 5% geschätzt). Die Abforderungen an eine Verankerungslösung für ergeben sich aus Anwendungen zur Befestigung industrieller Robotertechnik, Aufzügen und Kranen/Kranbahnen (Bild 4 und 5).

Für die Untersuchung von Verankerungen zum Nachweis der Verwendbarkeit von Verankerungen unter dynamische Einwirkungen existieren gegenwärtig verschiedene Empfehlungen, jedoch noch kein allgemein anerkanntes oder gar baurechtlich verbindliches Dokument.

Bild 4: Industrieroboter - Verankerung mit spezifizierten dynamischen Einwirkungen

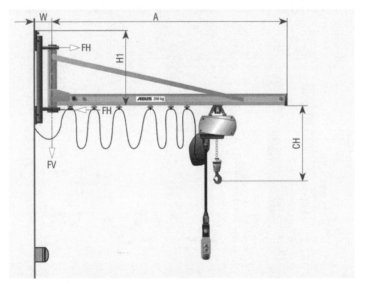

Bild 5: Wandauslegerkran - Verankerung mit spezifizierten dynamischen Einwirkungen

In den vergangenen 10 Jahren erfolgte eine Neubewertung einbetonierter Verankerungen im gerissener Beton zum Anschluss an den „Stand der Technik". Hinsichtlich des Tragverhaltens ist generell festzustellen, dass vorgeplante, in die Bewehrungsstruktur der Betonbauteile integrierte Einlegeteile kleinere Befestigungsabstände und damit schlankere Bauteile ermöglichen. Nach den konstruktiven Vorgaben der Zulassungen lassen sich, zumindest theoretisch, für beide Befestigungsarten vergleichbare Montagelösungen realisieren. Eine gleichwertige Integration nachträglicher Befestigung bezüglich der Lasteintragung und -weiterleitung im vorhandenen Betonbauteil (zum Beispiel durch eine wirksame Rückhängebewehrung) kann in vielen Fällen zu Recht bezweifelt werden.

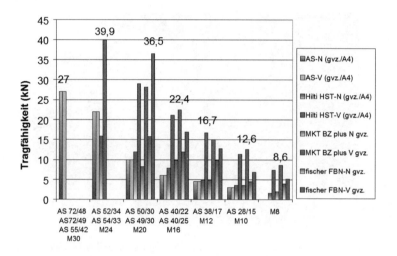

Bild 6: *Tragfähigkeitsübersicht beispielhafter Bolzenanker und Ankerschienen.*

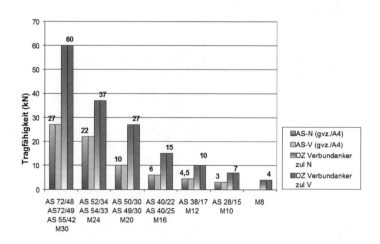

Bild 7: *Tragfähigkeitsübersicht beispielhafter Druckzonenverbundanker und Ankerschienen.*

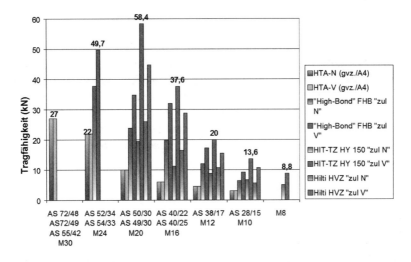

Bild 8: Tragfähigkeitsübersicht beispielhafter Zugzonenverbundanker und Ankerschienen.

2.3.2 Aussagen zum Ausgleich von Montagetoleranzen

Es existieren bisher keine spezifischen Normen, die die Lagegenauigkeit von Einbauteilen beschreiben.

Der einachsige Toleranzausgleich in Schienenlängsrichtung kann nur bei Systemlösungen, beispielsweise bei der Verbindung von Betonfertigteilen in Bausystemen umfassend genutzt werden. In der Regel sind hier die Details der Einbausituation der Einlegeteile und der Anschlusskonstruktionen bei der Planung bekannt. Eine Fehlerfortpflanzung bei der Montage von Fertigteilen kann die Lagegenauigkeit von Einlegeteilen beeinflussen kann jedoch in der Planung berücksichtigt werden.

Fehllagen von Einlegeteilen wie Ankerschienen, ob durch Planungsfehler oder durch Mängel in der Bauausführung, können nach Erhärtung des Betonbauteiles nicht mehr korrigiert werden und haben zum Teil aufwändige Ersatzkonstruktionen zur Folge.

Bei der Positionierung von Verankerungen mittels Dübeln spielen die Aspekte einer detailgenauen Vorplanung eine untergeordnete Rolle. Der lagegenaue Einbau erforderlicher Verankerungen kann lediglich durch Fehlbohrungen (Bewehrungstreffer) beeinträchtigt werden.

Einbautoleranzen durch Lageabweichungen der Verankerungsbauteile aber auch durch Abweichungen in der erforderlichen Bauteilbewehrung können erheblichen Einfluss auf das Tragverhalten der Verankerung haben. Diese Auswirkungen müssen im jeweiligen Einzelfall quantifiziert werden. Allgemeingültige Aussagen sind durch die Vielzahl der möglichen Einflussgrößen nicht möglich.

2.3.3 Zeitlicher Ablauf im Bauprozess - Hauptkonflikt

Heute ist die sogenannte baubegleitende Planung in vielen Bereichen des Bauwesens gebräuchlich. Sie soll allen am Bau Beteiligten die Chance bieten, die Bauzeiten zu verkürzen. Die baubegleitende Planung birgt jedoch nicht nur Vorteile sondern auch erhebliche Risiken. Typische Probleme sind Nachträge als Folge nicht ausgereifter und nicht aufeinander abgestimmter Planungen. Damit sind in der Regel auch Massenverschiebungen und Änderungen verbunden, die nach den vorliegenden Erfahrungen einen Teil der durch die baubegleitende Planung eingesparten Bauzeit aufzehren.

Mit der Zunahme baubegleitender Planung sind gravierende Nachteile für beide Verankerungsarten verbunden.

- Verankerungsdetails sind bei der Rohbauerstellung meist nicht bekannt.
  - Für die Einlegemontage fehlen oft exakte Positionsangaben und Lastgrößen.
  - Mittels Bohrmontage können in der Regel Dübel in der geforderten Position und Lastklasse gesetzt werden, die Integration der Verankerungskräfte in das Gesamttragverhalten des Bauteiles ist jedoch nicht immer gegeben.
- Folgeaufwand für den Planung und Bauausführung ist vorprogrammiert
- Rechtsstreitigkeiten um Planungsmängel sind an der Tagesordnung.

2.3.4 Aussagen zur Wirtschaftlichkeit

Unter dem Aspekt der Material- und Verlegekosten gaben die befragten Vertretern aus Planungs- und Bauunternehmen der Verwendung von Ankerschienen den Vorzug. In Bild 9 sind beispielhaft die Gesamtkosten (Material und Verlegung) für drei Montageaufgaben mit drei unterschiedlichen Verankerungssystemen dargestellt.

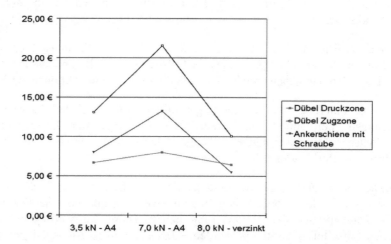

Bild 9: Kostenvergleich Ankerschienen und Dübel für drei beispielhafte Montageaufgaben

Entscheidungen in der Befestigungstechnik – einbetonierte Verankerungen versus Bohrmontage

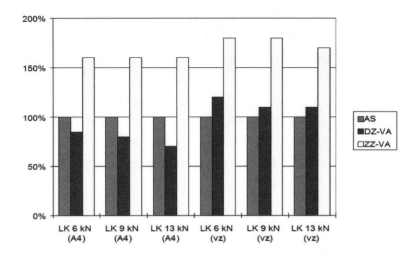

Bild 10: Kostenvergleich Ankerschienen und Dübel für verschiedene Lastklassen und Korrosionsschutzvarianten (normiert, Ankerschiene 100%)

Die Gesamtkosten (Material- und Verlegekosten, ohne Planung) von Verankerungslösungen mittels Ankerschienen sind für identische Montageaufgaben geringer als bei Dübeln.

Die Verflechtungen im Planungs- und Bauablauf sind jedoch hoch, die Empfindlich gegen Änderungen in Konstruktion und Bauablauf ebenso.

Bei einer angemessenen Planung und Arbeitsvorbereitung ist für Verankerungen mit Dübeln und Einlegebauteilen der Kontrollaufwand, Fehlerempfindlichkeit für die meisten Systeme identisch (Einmessen, Montagedrehmoment).

Der bei der Bohrmontage erforderliche Zusatzaufwand (Energie, Bohrer, Staub, Zeit, ...) ist in den Kostenvergleichen Bild 9 und 10 berücksichtigt.

3 Zusammenfassung der Expertenaussagen

3.1 Vorzüge und Nachteile der Befestigungsmethoden

3.1.1 Einlegemontage - Ankerschienen

Vorteile - Für Ankerschienen liegen nationale und europäische Zulassungen vor die eine Anwendung in Beton C12/15 bis C50/60 regeln. Ankerschienen sind für die Anwendung in der gerissenen Zugzone geeignet. Für einige Produkte am Markt liegen Nachweise der Verwendbarkeit für dynamische Einwirkungen (zentrische Zugbelastung) vor.

Ankerschienen sind in Materialausführungen für alle im Bauwesen auftretenden Korrosionsschutzanforderungen verfügbar.

Kostengünstig im Direktvergleich der Material und Verlegekosten gegenüber der Bohrmontage.

Nachteile - Durchsteckmontagen sind mittels Ankerschienen nur eingeschränkt möglich. Ankerschienen lassen keine Anpassungen bei Veränderungen im Planungs- und Bauablauf zu.

Die „Eigenmotivation" beim Einbau von Ankerschienen ist gering. Der Verleger einer Ankerschiene ist **nie** ihr Endnutzer.

3.1.2 Bohrmontage - Dübel

Vorteile - Am Markt ist ein umfangreiches Dübelsortiment mit einem Verwendbarkeitsnachweis durch nationale und europäische Zulassungen vorhanden. Die Dübelanwendungen sind in Beton C20/25 bis C50/60 (zum Teil C12/15 geregelt. Viele Dübeltypen sind für die Anwendung in der gerissenen Zugzone geeignet.

Dübel sind in Materialausführungen für alle im Bauwesen auftretenden Korrosionsschutzanforderungen verfügbar.

Die Aufnahme dynamischer Belastungen (zentrischer Zug) ist in geringerem Umfang als bei Ankerschienen möglich.

Punktgenaue Durchsteckmontage ist mit vielen Dübeltypen möglich. Dübel werden in der Regel durch Ausrüstungsmonteur gesetzt der so mit der Qualität seiner eigenen Arbeit konfrontiert ist.

Nachteil - Originalzitat eines Prüfingenieurs: „Man kann besser Pfuschen",

Für Dübel ist durch die Bohrmontage ein Zusatzaufwand in Form von Energie, Bohrgerät und Zeit erforderlich.

3.2 Präferenzen

3.2.1 Einzelbefestigungen

Der Planungsaufwand für Einzelbefestigungen für Produktionsmaschinen, Pumpen, Energieaggregate, Trassenknoten, und ähnliche Montageaufgaben ist erheblich. Die Entscheidungen über diese Ausrüstungsmontagen fallen in der Regel so spät, dass die erforderlichen Planungsinformationen bei der Rohbauplanung und -ausführung nicht vorliegen.

Die Interviews enthielten deshalb mit Blick auf diese baubegleitende Planung häufig die Aussage „Ankerschienen sind nicht mehr zeitgemäß".

Es wurde eingeschätzt, dass nachträgliche Dübelverankerungen in diesem Anwendungsbereich weiter zunehmen werden. Sie sind „anpassbarer" an Konfliktpunkten eine Durchsteckmontage ist möglich.

3.2.2 Serienbefestigungen

Serienbefestigungen, zum Beispiel für Förderanlagen oder Medientrassen (Bild 11), weisen durch ihren hohen Wiederholungsgrad geringe Fehlerempfindlichkeit in der Planung auf. Vielfach werden nur geringe, Geringere, vorab definierte oder einachsige Genauigkeitsanforderungen erhoben. Zusätzlich wurde im Bereich von Versorgungstrassen der Industrie die hohe Wahrscheinlichkeit von Erweiterungen hervorgehoben.

Literatur

[1] Bergmeister, K.: Konstruktive Details in der Befestigungstechnik. In: Holschemacher, K.: Entwurfs- und Konstruktionstafeln für Architekten. 5. Auflage, Beuth Verlag, Berlin 2011.

[2] Bulitz, W.: Praktikumsbericht - Historische Entwicklung der Befestigungstechnik von der Antike bis zur Gegenwart. Institut für Fassaden- und Befestigungstechnik, Leipzig 2003.

[3] Höher, L., Jouvenal, T.: "Post-Fixings" - Schwerbefestigungen für nachträgliche Verankerungen, Chancen und Risiken unter Berücksichtigung von Marktentwicklungen, Anwendungsschwerpunkten, Sortimenten und Vertriebsstrukturen. Institut für Fassaden- und Befestigungstechnik, Leipzig 2004.

[4] Interviewleitfaden für eine Expertenbefragung im Bereich der Planer, Verarbeiter und Nutzer von Befestigungssystemen. Institut für Fassaden- und Befestigungstechnik, Leipzig 2009.

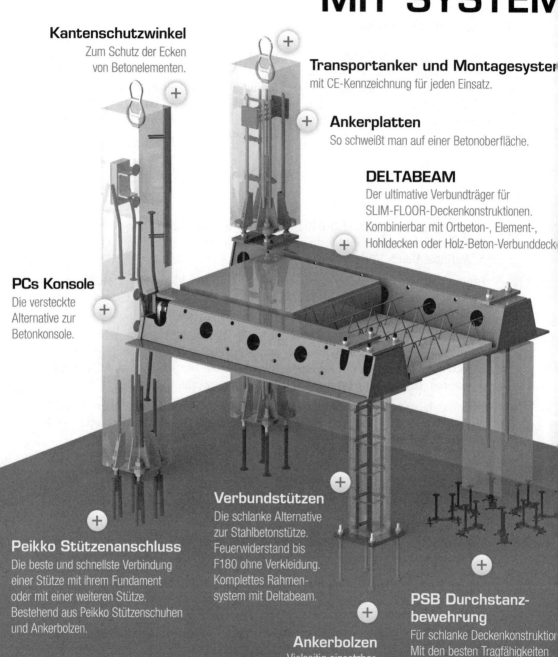

Industriefußböden aus Stahlfaserbeton

Torsten Müller, Frank Lobisch

1 Einleitung

Das Hauptanwendungsgebiet der Stahlfaserbetone stellt derzeit der Industriefußbodenbau dar. Diese werden vorwiegend beim Bau von Lager- und Produktionshallen hergestellt. In Bild 1 sind ausgewählte Anwendungsbeispiele für Industrieböden aufgezeigt.

Bild 1: Anwendungsbeispiele für Industrieböden aus Stahlfaserbeton

Der Industriefußboden ist das am stärksten beanspruchte Bauteil innerhalb der Gesamtkonstruktion. Die Funktionsfähigkeit und Dauerhaftigkeit bilden die Grundlage für die wirtschaftliche Nutzung des Bauwerks.

In Bild 2 ist die Entwicklung und Verteilung der Anwendungsgebiete von Stahlfaserbeton im Zeitraum zwischen 1993 bis 2005 dargestellt. Weitere Anwendungsgebiete für Stahlfaserbeton ergeben sich im Wohnungsbau, Tiefbau/Tunnelbau, Fertigteilbau, Tresorbau oder bei der Herstellung dichter Bauwerke (siehe Bild 2, zusammengefasst als „Sonstige").

Dr.-Ing. Torsten Müller, Baustoffprüflabor Müller & Lobisch GmbH, Süptitz
M.Sc. Dipl.-Ing. Frank Lobisch, Baustoffprüflabor Müller & Lobisch GmbH, Süptitz

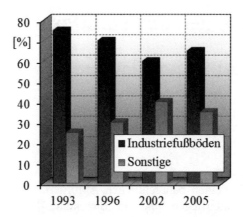

Bild 2: Verteilung der Anwendungsbereiche des Stahlfaserbetons [1]

Stahlfaserbeton ist ein Beton dem zum Erreichen bestimmter Eigenschaften Stahlfasern beigemischt werden, wodurch ein isotroper und duktiler Verbundwerkstoff entsteht. Dabei übernehmen die Stahlfasern je nach Grad der Belastung des Betons teilweise oder ganz die Funktion einer konventionellen Bewehrung.

Durch den Einsatz von Stahlfaserbeton kann im Vergleich zu herkömmlicher Bewehrung der Bauablauf entscheidend vereinfacht, der Zeitaufwand signifikant verringert sowie die mechanischen Eigenschaften (Duktilität, Schlagfestigkeit, Abrieb, Ermüdung,...) positiv beeinflusst werden.

2 Bemessungsgrundlagen

2.1 Normen und Vorschriften

Gemäß sächsischer Bauordnung (SächsBO) [2] sind Industriehallen mit folgenden Eigenschaften als Sonderbauten (§2, Absatz 4) definiert:

- 3. Gebäude mit mehr als 1600 m² Grundfläche des Geschosses mit der größten Ausdehnung,
- 16. Regallager mit einer Oberkante Lagerguthöhe von mehr als 7,50 m.

Sind diese Eigenschaften vorhanden, unterliegen Industrieböden dem Baugenehmigungsverfahren und müssen auf Tragfähigkeit, Gebrauchstauglichkeit sowie Dauerhaftigkeit überprüft werden. Hierfür kann in Deutschland die Richtlinie „Stahlfaserbeton" [3] vom Deutschen Ausschuss für Stahlbeton (DAfStb) angewendet werden. Die DAfStb-Richtlinie [3] wurde in die Bauregelliste aufgenommen und ist damit in Deutschland bauaufsichtlich eingeführt.

Die Anwendung der Richtlinie [3] unterliegt gewissen Restriktionen. In Ergänzung zur DIN EN 1992-1-1 [4] in Verbindung mit DIN EN 1992-1-1/NA [5], DIN EN 206-1 [6] in Verbindung mit DIN 1045-2 [7] und DIN EN 13670 [8] in Verbindung mit DIN 1045-3 [9] werden in der Richtlinie „Stahlfaserbeton" ausschließlich Stahlfaserbetone und Stahlfaserbetone mit Betonstahlbewehrung für Tragwerke des Hoch- und Ingenieurbaus bis zu einer Druckfestigkeitsklasse C50/60 geregelt. Zur Sicherstellung der Dauerhaftigkeit ist für die Anwendung von Stahlfaserbeton eine Mindestbetonfestigkeitsklasse C20/25 vorgeschrieben. Die Richtlinie gilt generell nicht für Bauteile aus vorgespanntem Stahlfaserbeton, Leichtbeton, hochfesten Beton (ab Druckfestigkeitsklasse C55/67), reinen Stahlfaserbeton basierend auf den Expositionsklassen XS2, XD2, XS3 und XD3 sowie selbstverdichtenden Beton und Stahlfaserspritzbeton.

Industrieböden welche keinen baurechtlichen Anforderungen an die Standsicherheit und Dauerhaftigkeit unterliegen und an die keine besonderen Anforderungen hinsichtlich der Dichtheit gemäß DAfStb-Richtlinie „Betonbau beim Umgang mit wassergefährdenden Stoffen" [10] oder WU-Richtlinie [11] gestellt werden, können auf der Grundlage des DBV-Merkblattes „Industrieböden aus Stahlfaserbeton" [12] bemessen werden.

2.2 Auftretende Belastungen

Industrieböden werden durch unterschiedliche Lasten beansprucht. Eine grobe Zusammenstellung möglicher zu berücksichtigender Belastungen ist nachfolgend aufgeführt.

- Flächenlast (z.B. Blocklagerung)
- Gabelstapler (Kategorien FL1 bis FL6)
- LKW/SLW
- Regalsystem
- Punktlast
- Eigengewicht Industrieboden

2.3 Schnittgrößenermittlungen

In Abhängigkeit vom zu untersuchenden Grenzzustand stehen gemäß DIN EN 1992-1-1 [4] für die Ermittlung der Schnittgrößen mehrere Verfahren zur Verfügung.

- Grenzzustand der Tragfähigkeit:
  - Linear elastische Berechnung ohne Umlagerung
  - Linear elastische Berechnung mit begrenzter Umlagerung
  - Verfahren nach der Plastizitätstheorie
  - Nichtlineare Verfahren

- Grenzzustand der Gebrauchstauglichkeit:
  - Linear elastische Berechnung ohne Umlagerung
  - Nichtlineare Verfahren

2.4 Grenzzustände der Tragfähigkeit

In den jeweiligen Bemessungssituationen für die Untersuchung der Tragfähigkeit eines Bauteils muss sichergestellt werden, dass der Bemessungswert der Einwirkung E_d geringer ausfällt als der Bemessungswert des Tragwiderstandes R_d.

Gemäß DAfStb-Richtlinie Stahlfaserbeton [3] und DBV-Merkblatt „Industrieböden aus Stahlfaserbeton" [12] gilt der Grenzzustand der Tragfähigkeit als erreicht, wenn eines der folgenden Kriterien im maßgebenden Querschnitt eines Tragwerkes vorliegt:

- Vorliegen der kritischen Dehnung des Stahlfaserbetons ($\varepsilon^f_{ct,u} = 25\text{‰}$)
- Vorliegen der kritischen Stahldehnung ($\varepsilon_{ud} = 25\text{‰}$)
- Vorliegen der kritischen Betonstauchung
- am Gesamtsystem ist der kritische Zustand des indifferenten Gleichgewichtes erreicht

Mögliche Dehnungsverteilungen, welche bei der Bemessung auftreten können, sind in Bild 3 dargestellt. Es ist zu beachten, dass Betonstauchungen (Druck) mit einem negativen und Betondehnungen (Zug) mit einem positiven Vorzeichen versehen wurden.

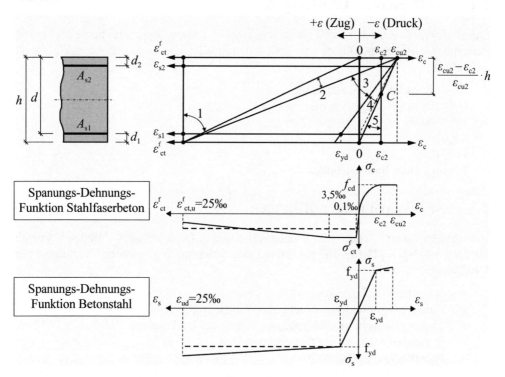

Bild 3: Zulässige Dehnungsverteilungen in den Grenzzuständen der Tragfähigkeit für Rechteckquerschnitte

Bei der Bemessung der Tragfähigkeit von Industrieböden sind grundsätzlich folgende rechnerische Nachweise zu führen:

- Biegung mit oder ohne Normalkraft und Normalkraft allein
- Querkraft
- Durchstanzen.

2.5 Grenzzustände der Gebrauchstauglichkeit

Gemäß DIN EN 1990 [13] sollen im Rahmen der Gebrauchstauglichkeitsnachweise folgende Kriterien berücksichtigt werden:

- *Verformungen und Verschiebungen*, die das Erscheinungsbild beeinträchtigen, das Wohlbefinden der Nutzer oder die Funktionen des Tragwerks beeinflussen oder die Schäden an angrenzenden Bauteilen hervorrufen
- *Schwingungen*, die bei Menschen körperliches Unbehagen hervorrufen oder die zur Beeinträchtigung der Funktionsfähigkeit des Tragwerks führen
- *Schäden*, die das Erscheinungsbild, die Dauerhaftigkeit oder die Funktionsfähigkeit des Tragwerks negativ beeinflussen

Bei der Bemessung von Industrieböden in den Grenzzuständen der Gebrauchstauglichkeit sind folgende rechnerische Nachweise zu führen:

- Begrenzung der Spannungen
- Begrenzung der Rissbreiten
- Begrenzung der Verformungen

Hierbei ist sicher zu stellen, dass der Bemessungswert der Auswirkungen von Einwirkungen E_d den Nennwert des Gebrauchstauglichkeitskriteriums C_d nicht überschreitet. Die Teilsicherheitsbeiwerte γ_M für Baustoffe sind grundsätzlich mit $\gamma_M = 1{,}0$ anzusetzen.

2.6 Konstruktionsregeln

Bei der Anwendung von reinem Stahlfaserbeton, kann auf die Mindestbewehrung zur Sicherung eines duktilen Bauteilverhaltens verzichtet werden, wenn das Versagen des Bauteils bei Erstrissbildung vermieden werden kann (Einhaltung des Duktilitätskriteriums).

3 Hinweise zur Planung

Für die Bemessung von Bauteilen aus Stahlfaserbeton ist es erforderlich, die Nachrisszugfestigkeit des Materials zu kennen. Für die Prüfung und Klassifizierung der Nachbruchfestigkeiten stehen in Deutschland unterschiedliche Prüfverfahren in Form von verformungsgesteuerten Balkenversuchen zur Verfügung. Diese können auf der Grundlage der DIN EN 14651 [14] sowie die Richtlinie „Stahlfaserbeton" des DAfStb [3] durchgeführt werden. Die Prüfmethode gemäß [14] sieht dabei Drei-

Punkt-Biegezugversuche an gekerbten Balken vor. In Deutschland wird jedoch üblicherweise der Vier-Punkt-Biegezugversuch nach DAfStb-Richtlinie [3] an ungekerbten Balken vorgenommen. Vorteil der Anwendung der Richtlinie [3] ist der direkte Bezug zum Eurocode 2 [4] und die im Vergleich zur Norm [14] geringere Mindestanzahl an Balkenprüfkörpern (6 anstatt 12). In der Richtlinie Stahlfaserbeton vom DAfStb [3] werden zur Charakterisierung des Tragvermögens von Stahlfaserbeton Leistungsklassen (L1 und L2) ermittelt. Diese werden bei der Bemessung von Bauteilen aus Stahlfaserbeton herangezogen und sind grundsätzlich vor dem Einbau bzw. der Anwendung von Stahlfaserbeton durch Erstprüfungen durch das liefernde Betonwerk nachzuweisen. Grundlage für die Ermittlung der Leistungsklassen bildet die Auswertung der aus den Vier-Punkt-Biegezugversuchen gewonnen Last-Verformungs-Kurven im Nachbruchbereich. Hierbei erfolgt an zwei festgelegten Verformungspunkten die Ermittlung von Nachrissbiegezugfestigkeiten. Auf Basis dieser Festigkeiten wird eine Einstufung von Stahlfaserbeton in die Leistungsklassen L1 und L2 vorgenommen. Die Ermittlung der Leistungsklasse L1 erfolgt bei geringer Verformung und simuliert das Tragvermögen in den Grenzzuständen der Gebrauchstauglichkeit (GZG). Der zweite Kennwert (Leistungsklasse L2) wird auf der Basis größerer Verformungen bestimmt und kennzeichnet das Leistungsvermögen in den Grenzzuständen der Tragfähigkeit (GZT). Die Ermittlung der Leistungsklassen hat durch ein zertifiziertes Baustoffprüflabor mit entsprechender Prüfeinrichtung zu erfolgen. Die Prüfmaschine muss mindestens der Güteklasse 1 nach DIN 51220 entsprechen (Beispiel siehe Bild 4).

Bild 4: Prüfmaschine Form + Test, Typ DELTA 5-300 S (links), Versuchsaufbau und Last-Verformungs-Kurve (rechts)

Eine Voraussetzung für die Erbringung qualitativ hochwertiger Prüfergebnisse ist der Einsatz einer ausreichend steifen Prüfmaschine in Zusammenspiel mit einer entsprechenden Prüfeinrichtung (ausreichender Durchmesser der Lasteinleitungs- und Auflagerrollen, siehe Bild 4). Ziel ist es einen unkontrollierten Abfall der Last-Verformungs-Kurve nach Überschreiten der Risslast zu vermieden und somit einen unverfälschten Nachweis des Tragvermögens des Stahlfaserbetons zu erhalten.

Zur Sicherstellung eines ausreichenden Tragvermögens einer Stahlfaserbetonbodenplatte unter Belastung werden an die Gründung ebenfalls gewisse Anforderungen gestellt. Hierbei müssen der Untergrund und die Tragschicht einen entsprechenden Bettungsmodul aufweisen (Nachweis bspw. durch den Lastplattendruckversuch gemäß DIN 18127 oder DIN 18134). In Abhängigkeit von den einwirkenden Lasten sind für den verdichteten Untergrund Werte von mindestens 40 MN/m² und für die verdichtete Tragschicht von 100 MN/m² erforderlich.

Bei der Ausführung von Industriefußböden können Systeme mit Scheinfugen sowie fugenlose Bauweisen zum Einsatz kommen. Hinsichtlich eines Industriebodens mit Scheinfugen ist zu beachten, dass nach Fertigstellung, Fugen in einem definierten Raster in die Fläche geschnitten werden müssen (Schnitttiefe ca. 1/3 der Plattendicke). Infolge von Schwindprozessen öffnen sich die nachträglich eingebrachten Fugen (Scheinfugen). Die Entspannung kann somit an definierten Stellen erfolgen. Üblicherweise werden mit diesem System Fugenfelder von 5 m bis 12 m Kantenlänge realisiert. Nachteilig ist, dass bei der Nutzung des Industriebodens die Fugenkanten der Scheinfugen abbrechen können.

Mit Industriebodensystemen basierend auf einer fugenlosen Bauweise können zusammenhängende Felder mit bis zu 2500 m² Größe hergestellt werden. Durch geeignete Fugenprofile ist eine horizontale Bewegung der Flächen bei gleichzeitiger Übertragung der Querkräfte möglich. Eine Kontrolle der Rissbildung infolge Zwangsspannungen wird durch eine ausreichend hohe Leistungsklasse gewährleistet.

4 Bemessungsbeispiel

Zu bemessen ist eine Bodenplatte in einer Industriehalle mit Einwirkungen aus Flächenlasten, Gabelstaplern und Regalsystemen. Die Bodenplatte besteht aus Stahlfaserbeton und wird in fugenloser Bauweise (Feldgröße 24 x 24 m) hergestellt. Zwischen Bodenplatte und Tragschicht werden zwei PE-Folien angeordnet.

Bei dem dargestellten Industriefußboden handelt es sich um ein tragendes Bauteil, an das baurechtliche Anforderungen gestellt werden. Die Schnittgrößen wurden mit Unterstützung eines Finite-Elemente-Programmes ermittelt (Ingenieursoftware Dlubal, RFEM 5). Hierbei erfolgte eine zusätzliche Modellierung des anstehenden Bodens durch einen Bettungskragen (siehe Bild 5). In der Bemessung wird die Nachrisszugfestigkeit des Stahlfaserbetons angesetzt.

4.1 System und Belastung

System:

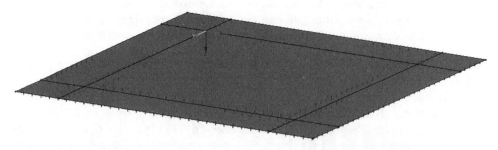

Bild 5: Modellierte Bodenplatte mit Bettungskragen

Baustoffe:

- Betondruckfestigkeitsklasse: C25/30
- Expositionsklassen: XC2, XM2
- Leistungsklasse: L1,8/1,8

Untergrund:

Für den Untergrund sind aus einer Bodenuntersuchung für die Dimensionierung der Platte folgende Flächenbettungskoeffizienten zugrunde gelegt wurden (gemäß Pasternak und Barwaschow [15]):

Wegfedern:

- $c_{1,x} = c_{1,y} = 2500$ kN/m³
- $c_{1,z} = 6000$ kN/m³

Schubfedern:

- $c_{2,x} = c_{2,y} = 12000$ kN/m

Abmessungen der Platte: $l_x = 24$ m; $l_y = 24$ m

Plattendicke: $h = 0,20$ m

4.2 Einwirkungen

4.2.1 Charakteristische Werte

Eigenlast Bodenplatte ($g_k = h \cdot \gamma_{Beton} = 0{,}20 \cdot 25$): 5,00 kN/m²

Regallast: Stiellast ($Q_{k,1}$):   20 kN
 Fläche Regalfuß: 0,15 x 0,15 m

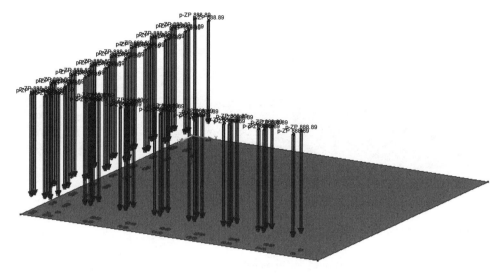

Bild 6: Lastfall Regalstiele

Nutzlast ($q_{k,1}$): 7,5 kN/m²

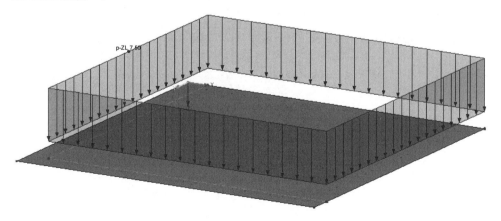

Bild 7: Lastfall Nutzlast

Verkehrslast aus Gabelstapler (FL2):

Eigengewicht:	31 kN
Achslast ($2 \cdot Q_{k,2}$):	40 kN
Radabstand (a):	0,95 m
Aufstandsfläche je Rad:	0,20 x 0,20 m
Flächenlast ($q_{k,2}$):	15 kN/m²

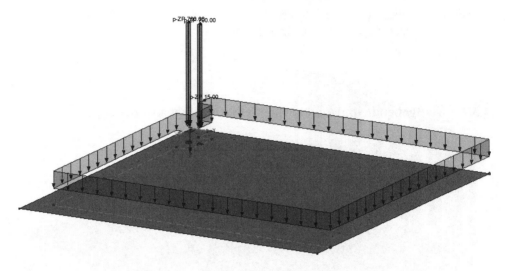

Bild 8: Lastfall Gabelstapler

4.2.2 Grenzzustände der Tragfähigkeit

Teilsicherheitsbeiwerte für die Einwirkungen: $\gamma_G = 1,35$
$\gamma_Q = 1,50$

Schwingbeiwert für Einzellasten (nicht vorwiegend ruhenden Einwirkungen): $\varphi = 1,4$

Bemessungswerte Einwirkungen:
$g_d = g_k \cdot \gamma_G = 5,00 \cdot 1,35 = 6,75$ kN/m²
$Q_{d,1} = Q_{k,1} \cdot \gamma_Q = 20 \cdot 1,50 = 30,00$ kN
$q_{d,1} = q_{k,1} \cdot \gamma_Q = 7,5 \cdot 1,5 = 11,25$ kN
$Q_{d,2} = \varphi \cdot Q_{k,2} \cdot \gamma_Q = 1,4 \cdot 20 \cdot 1,50 = 42,00$ kN
$q_{d,2} = q_{k,2} \cdot \gamma_Q = 15 \cdot 1,5 = 22,50$ kN

4.3 Schnittgrößen

Die in den anschließenden Punkten (4.3.1 und 4.3.2) aufgeführten Schnittgrößen wurden der FEM-Berechnung entnommen. Im nachfolgenden Bild 9 ist exemplarisch der Schnittgrößenverlauf für das Biegemoment m_y aufgeführt.

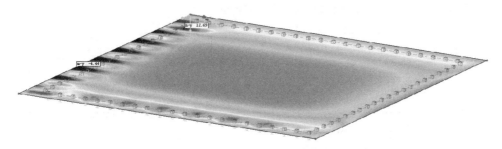

Bild 9: Darstellung des Schnittkraftverlaufes für das Biegemoment m_y

4.3.1 Maßgebende und zugehörige Schnittgrößen aus den GZT

Maximale einwirkende Schnittgrößen: $m_{Ed,x} = 12{,}09$ kNm/m
$m_{Ed,y} = 12{,}69$ kNm/m
$v_{Ed,x} = 42{,}60$ kN/m
$v_{Ed,y} = 37{,}31$ kN/m
$n_{Ed,x} = 0{,}00$ kN/m
$n_{Ed,y} = 0{,}00$ kN/m

4.3.2 Maßgebende und zugehörige Schnittgrößen aus den GZG (quasiständig)

Maximale einwirkende Schnittgrößen: $m_{Ed,x} = 1{,}89$ kNm/m
$m_{Ed,y} = 1{,}58$ kNm/m
$v_{Ed,x} = 7{,}20$ kN/m
$v_{Ed,y} = 6{,}41$ kN/m
$n_{Ed,x} = 19{,}50$ kN/m
$n_{Ed,y} = 19{,}50$ kN/m

4.4 Nachweise in den GZT

Die zu führenden Nachweise in den GZT wurden in den nachfolgenden Punkten lediglich auszugsweise für die jeweils maßgebende Belastung dargestellt.

4.4.1 Nachweis für Biegung in y-Richtung

aufgestellt von:	Projekt:	Auftraggeber:	aufgestellt am:
Baustoffprüflabor Müller & Lobisch GmbH Am Gewerbepark 8, 04860 Süptitz Tel.:03421/706596 Fax: 03421/706599 info@bpl24.de	Beitrag Leipzig	BPL	30.01.2015
	Bauvorhaben:	Auftragsnummer:	Seite: 1
	Industriebodenplatte	2015	

Statische Berechnung einer Industriebodenplatte aus Stahlfaserbeton nach DIN EN 1992-1-1 und DAfStb-Richtlinie 2012

4.4 Nachweise in den Grenzzuständen der Tragfähigkeit
4.4.1 Nachweis für Biegung in y-Richtung

verwendete Materialien: **angesetzte Spannungs-Dehnungs-Beziehungen (SDB):**

Beton: C25/30   Parabel-Rechteck-Diagramm

Stahlfaserbeton: L1,8/1,8   Trilineare SDB

Betonstahl: ohne

Bauteilgeometrie: **statische Nutzhöhe:**

h [m]: 0,20 b [m]: 1,00 d_x [m]: 0,200

einwirkende Schnittgrößen: **bezogene Schnittgrößen:**

$n_{Ed,y}$ [kN/m]: 0,00 ν_{Ed} [-]: 0,0000 $$\nu_{Ed} = \frac{N_{Ed}}{b \cdot h \cdot f_{cd}} \qquad \mu_{Ed} = \frac{M_{Ed}}{b \cdot h^2 \cdot f_{cd}}$$

$m_{Ed,y}$ [kNm/m]: 12,69 μ_{Ed} [-]: 0,0224

aufnehmbare Schnittgrößen:

maximales Moment:		maximale Zugnormalkraft:		maximale Drucknormalkraft:	
$n_{Rd,y}$ [kN/m]:	0,00	$n_{Rd,y}$ [kN/m]:	20,85	$n_{Rd,y}$ [kN/m]:	-2648,27
$m_{Rd,y}$ [kNm/m]:	**14,57**	$m_{Rd,y}$ [kNm/m]:	12,69	$m_{Rd,y}$ [kNm/m]:	12,69

Beiwerte Stahlfaserbeton:

k^f_F [-]:	1,000	k^f_F [-]:	1,000	k^f_F [-]:	0,000
k^f_G [-]:	1,700	k^f_G [-]:	1,700	k^f_G [-]:	0,000
$f^f_{ctd,L1}$ [N/mm²]:	0,832	$f^f_{ctd,L1}$ [N/mm²]:	0,832	$f^f_{ctd,L1}$ [N/mm²]:	0,00
$f^f_{ctd,L2}$ [N/mm²]:	0,735	$f^f_{ctd,L2}$ [N/mm²]:	0,735	$f^f_{ctd,L2}$ [N/mm²]:	0,00
$f^f_{ctd,u}$ [N/mm²]:	0,770	$f^f_{ctd,u}$ [N/mm²]:	0,770	$f^f_{ctd,u}$ [N/mm²]:	0,00

Nachweise / Kontrolle der Ergebnisse:

$n_{Ed,x} \leq n_{Rd,x} \quad m_{Ed,x} \leq m_{Rd,x}$ $n_{Ed,x} \leq n_{Rd,x} \quad m_{Ed,x} \leq m_{Rd,x}$ $|n_{Ed,x}| \leq |n_{Rd,x}| \quad m_{Ed,x} \leq m_{Rd,x}$

Druckzonenhöhe:		*Druckzonenhöhe:*		*Druckzonenhöhe:*	
k_x [-]:	0,0761	k_x [-]:	0,0693	k_x [-]:	1,0000
x [m]:	0,0152	x [m]:	0,0139	x [m]:	0,2000

resultierende Hebelarme:

| z_{cd} [m]: | -0,0943 | z_{cd} [m]: | -0,0949 | z_{cd} [m]: | -0,0048 |
| z_{fd} [m]: | 0,0057 | z_{fd} [m]: | 0,0050 | z_{fd} [m]: | 0,0000 |

resultierende Kräfte:

n_{cd} [kN/m]:	-145,78	n_{cd} [kN/m]:	-126,00	n_{cd} [kN/m]:	-2648,27
n_{fd} [kN/m]:	145,78	n_{fd} [kN/m]:	146,85	n_{fd} [kN/m]:	0,00
Σn_{Rd} [kN/m]:	**0,00**	Σn_{Rd} [kN/m]:	**20,85**	Σn_{Rd} [kN/m]:	**-2648,27**

resultierende Momente:

m_{cd} [kNm/m]:	13,74	m_{cd} [kNm/m]:	11,95	m_{cd} [kNm/m]:	12,69
m_{fd} [kNm/m]:	0,83	m_{fd} [kNm/m]:	0,74	m_{fd} [kNm/m]:	0,00
Σm_{Rd} [MNm/m]:	**14,57**	Σm_{Rd} [MNm/m]:	**12,69**	Σm_{Rd} [MNm/m]:	**12,69**

aufgestellt von:	Projekt:	Auftraggeber:	aufgestellt am:
Baustoffprüflabor Müller & Lobisch GmbH Am Gewerbepark 8, 04860 Süptitz Tel.: 03421/706596 Fax: 03421/706599 info@bpl24.de	Beitrag Leipzig	BPL	30.01.2015
	Bauvorhaben: Industriebodenplatte	Auftragsnummer: 2015	Seite: II

Statische Berechnung einer Industriebodenplatte aus Stahlfaserbeton nach DIN EN 1992-1-1 und DAfStb-Richtlinie 2012

4.4 Nachweise in den Grenzzuständen der Tragfähigkeit

4.4.1 Nachweis für Biegung in y-Richtung

Darstellung der maßgebenden Dehnungs- und Spannungswerte im Querschnitt für max $m_{Rd,y}$:

Betonranddehnungen:

ε^f_{ct} [‰]:   25,00

ε^f_{c} [‰]:   -2,06

Betonrandspannungen:

σ^f_{ct} [N/mm²]:   0,735

σ^f_{c} [N/mm²]:   -14,167

Dehnungsverteilung über den Querschnitt:

- - - - - Betonstauchung oben
········ Betondehnung unten

Spannungsverteilung im Beton:

—— Spannung - Stahlfaserbeton (Zug)
- - - - Spannung - Stahlfaserbeton (Druck)

4.4.2 Nachweis der Querkrafttragfähigkeit

aufgestellt von:	Projekt:	Auftraggeber:	aufgestellt am:
Baustoffprüflabor Müller & Lobisch GmbH Am Gewerbepark 8, 04860 Süptitz Tel.: 03421/706596 Fax: 03421/706599 info@bpl24.de	Beitrag Leipzig	BPL	30.01.2015
	Bauvorhaben:	Auftragsnummer:	Seite: III
	Industriebodenplatte	2015	

Statische Berechnung einer Industriebodenplatte aus Stahlfaserbeton nach DIN EN 1992-1-1 und DAfStb-Richtlinie 2012

4 Nachweise in den Grenzzuständen der Tragfähigkeit
4.4.2 Nachweis der Querkrafttragfähigkeit

verwendete Materialien:		Bauteilgeometrie:		statische Nutzhöhe:	
Beton:	C25/30	h [m]:	0,20	d [m]:	0,20
Stahlfaserbeton:	L1,8/1,8	b_w [m]:	1,00		
Betonstahl:	ohne	A_c [m²]:	0,20		
Materialeigenschaften:		**einwirkende Schnittgrößen:**		*(maßgebende Einwirkungskombination)*	
α_{cc} [-]:	0,85	n_{Ed} [kN/m]:	0,00	*(Druckkraft negativ)*	
f_{ck} [N/mm²]:	25,00	v_{Ed} [kN/m]:	42,60		
γ_c [-]:	1,5				
Zugbewehrungsanteil:					
a_{sl} [cm²/m]:	0,00				
weitere Eingangsparameter:					
σ_{cp} [N/mm²]:	0,00	k [mm]:	2,000	k_1 [-]:	0,12
ρ_l [-]:	0,0000	$C_{Rd,c}$ [-]:	0,100	η_1 [-]:	1,00
α^f_c [-]:	0,85	γ^f_{ct} [-]:	1,25	$f^f_{ctR,u}$ [N/mm²]:	0,366
k^f_F [-]:	0,5	k^f_G [-]:	1,100	A^f_{ct} [m²]:	0,200

Querkrafttragfähigkeit ohne Querkraftbewehrung:

· Traganteil des Betons:

$V_{Rd,cI}$ [kN]: 0,00

v_{min} [kN]: 0,49

$V_{Rd,cII}$ [kN]: 98,99

$$V_{Rd,cI} = \left[C_{Rd,c} \cdot k \cdot \eta_1 \cdot (100 \cdot \rho_l \cdot f_{ck})^{\frac{1}{3}} - k_1 \cdot \sigma_{cp}\right] \cdot b_w \cdot d$$

$$V_{Rd,cII} = (v_{min} + k_1 \cdot \sigma_{cp}) \cdot b_w \cdot d$$

· Traganteil der Stahlfasern:

$V_{Rd,cf}$ [kN]: 49,82

$$V_{Rd,cf} = \frac{\alpha^f_c \cdot f^f_{ctR,u} \cdot b_w \cdot h}{\gamma^f_{ct}}$$

$V^f_{Rd,ct}$ [kN]: 148,81

$$V^f_{Rd,c} = V_{Rd,c} + V_{Rd,cf}$$

Nachweis: 0,286 < 1,00

$$\frac{V_{Ed}}{V^f_{Rd,c}} \leq 1{,}0$$

Es ist keine Querkraftbewehrung erforderlich!

4.4.3 Nachweis des Durchstanzwiderstandes ohne Durchstanzbewehrung

In der Regel sind die Durchstanznachweise (Innen-, Rand- und Eckstützen) bei Bodenplatten nicht maßgebend. Lediglich bei schlechten Baugrundverhältnissen und/oder besonders hohen Einzellasten können diese erforderlich werden. In diesem Beispiel lag die Auslastung bei 5% bezogen auf das maximale Tragvermögen.

4.5 Nachweise in den GZG

4.5.1 Begrenzung der Rissbreiten bei Stahlfaserbeton ohne zusätzliche Betonstahlbewehrung

aufgestellt von:	Projekt:	Auftraggeber:	aufgestellt am:
Baustoffprüflabor Müller & Lobisch GmbH Am Gewerbepark 8, 04860 Süptitz	Beitrag Leipzig	BPL	30.01.2015
Tel.: 03421/706596 Fax: 03421/706599 info@bpl24.de	Bauvorhaben: Industriebodenplatte	Auftragsnummer: 2015	Seite: IV

Statische Berechnung einer Industriebodenplatte aus Stahlfaserbeton nach DIN EN 1992-1-1 und DAfStb-Richtlinie 2012

4.5 Nachweise in den Grenzzuständen der Gebrauchstauglichkeit

4.5.1 Begrenzung der Rissbreiten bei Stahlfaserbeton ohne zusätzliche Betonstahlbewehrung

verwendete Materialien:

Beton: C25/30

Stahlfaserbeton: L1,8/1,8

Betonstahl: ohne

Materialkennwerte:

Beton:

$f_{ck,cyl}$ [N/mm²]: 25,00

E_{cm} [N/mm²]: 31.000

f_{ctm} [N/mm²]: 2,56

$f_{ct,0}$ [N/mm²]: 2,90

$f_{ct,eff}$ [N/mm²]: 3,00

Stahlfaserbeton:

$f^f_{ctR,L1}$ [N/mm²]: 1,224

$f^f_{ctR,L2}$ [N/mm²]: 1,081

$f^f_{ctR,u}$ [N/mm²]: 1,132

α_f [-]: 0,477

Bauteilgeometrie:

h [m]: 0,20

b [m]: 24,00

l [m]: 24,00

h_{min} [m]: 0,20

einwirkende Normalkraft:

n_{Ed} [kN/m]: 19,50 *(Druckkraft negativ)*

m_{Ed} [kNm/m]: 1,89

$v_{Ed,perm}$ [-]: 0,004

$\mu_{Ed,perm}$ [-]: 0,002

weitere Eingangsparameter:

k_1 [-]: 0,67

σ_c [N/mm²]: 0,38

h^* [m]: 0,20

k_c [-]: 0,48

k [-]: 1,00

Überprüfung: $\boxed{\alpha_f \geq k_c \cdot k}$

α_f [-]: 0,477

$k_c \cdot k$ [-]: 0,476

$\alpha_f \geq k_c \cdot k$ **Nachweis erfüllt**

4.5.2 Nachweis der Zugkräfte in der Bodenplatte

aufgestellt von:	Projekt:	Auftraggeber:	aufgestellt am:
Baustoffprüflabor Müller & Lobisch GmbH Am Gewerbepark 8, 04860 Süptitz Tel.: 03421/706596 Fax: 03421/706599 info@bpl24.de	Beitrag Leipzig	BPL	30.01.2015
	Bauvorhaben:	Auftragsnummer:	Seite: V
	Industriebodenplatte	2015	

Statische Berechnung einer Industriebodenplatte aus Stahlfaserbeton nach DIN EN 1992-1-1 und DAfStb-Richtlinie 2012

4.5 Nachweise in den Grenzzuständen der Gebrauchstauglichkeit
4.5.2 Nachweis der Zugkräfte in der Bodenplatte

Material:

Beton: 25/30
Stahlfaserbeton: L1,8/1,8

Materialkennwerte:

$f_{ctm,t=28d}$ [N/mm²]: 2,60

$f_{ctm,t=10h}$ [N/mm²]: 0,43 $f_{ctm}(t) = [\beta_{cc}(t)]^\alpha \cdot f_{ctm}$

$\beta_{cc}(t)$ [-]: 0,165 $\beta_{cc}(t) = e^{s \cdot (1-\sqrt{28/t})}$

s [-]: 0,250

t [-]: 0,417   Alter [h]: 10

α [-]: 1,000

μ_1 [-]: 0,80   1. Verschiebung

μ_w [-]: 0,55   wiederholte Verschiebung

γ_c [kg/m³]: 25

Bauteilabmessungen:

h [m]: 0,20

b [m]: 1,00

l [m]: 24,00   *maximaler Abstand der Fugen*

a_{ct} [m²/m]: 0,2

Belastungen:

Bauphase:		t ≥ 28d:	
$g_{d,perm}$ [kN/m²]:	5	$g_{d,perm}$ [kN/m²]:	5
$q_{d,perm}$ [kN/m²]:	1	$q_{d,perm}$ [kN/m²]:	15
σ_0 (10h) [kN/m²]:	6	s_0 (28d) [kN/m²]:	20

Nachweis des zentrischen Zwangs für Bauphase:

$n_{ct,k}$ [kN/m]: 57,60 $n_{ct,k} = \sigma_0 \cdot \mu_1 \cdot l/2$

$n_{ct,t=10h}$ [kN/m]: 86,01 $n_{ct,t} = f_{ctm,t} \cdot a_{ct}$

$n_{ct,k} < n_{ct,t=10h}$ **Nachweis erfüllt**

Nachweis des zentrischen Zwangs für t ≥ 28d:

$n_{ct,k}$ [kN/m]: 132,00

$n_{ct,t=28h}$ [kN/m]: 520,00

$n_{ct,k} < n_{ct,t=28h}$ **Nachweis erfüllt**

Die Belastung infolge Schwinden des Betons ist in diesem Beispiel nicht maßgebend. Auf Grundlage der erzeugten Bodenpressung von 11,44 kN/m² (gemäß FEM Berechnung) erreicht die vorhandene Längszugspannung (σ_{Zwang}) bei wiederholter Verschiebung einen Wert von 0,38 N/mm² (max. zulässig 2,9 N/mm²).

4.5.3 Begrenzung der Betondruckspannung

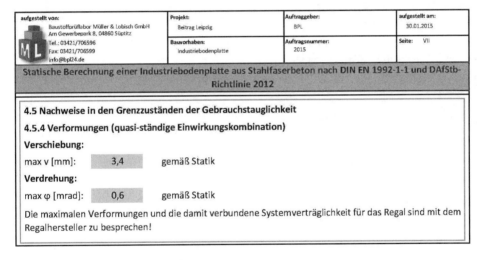

4.5.4 Verformungen

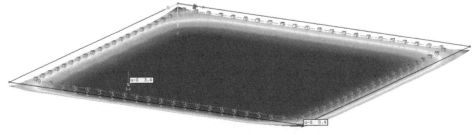

Bild 10: Darstellung der Verschiebung in z-Richtung (GZG)

4.5.5 Berechnung der Mindestbewehrung zur Sicherstellung eines duktilen Bauteilverhaltens 4.4

aufgestellt von: Baustoffprüflabor Müller & Lobisch GmbH Am Gewerbepark 8, 04860 Süptitz Tel.: 03421/706596 Fax: 03421/706599 info@bpl24.de	Projekt: Beitrag Leipzig	Auftraggeber: BPL	aufgestellt am: 30.01.2015
	Bauvorhaben: Industriebodenplatte	Auftragsnummer: 2015	Seite: VIII

Statische Berechnung einer Industriebodenplatte aus Stahlfaserbeton nach DIN EN 1992-1-1 und DAfStb-Richtlinie 2012

4.5 Nachweise in den Grenzzuständen der Gebrauchstauglichkeit
4.5.5 Berechnung der Mindestbewehrung zur Sicherstellung eines duktilen Bauteilverhaltens

Eingangsparameter:

$f^f_{ctR,u}$ [N/mm²]: 1,13

k_c [-]: 0,46

f_{ctm} [N/mm²]: 2,56

$$f^f_{ctR,u} \geq k_c \cdot f_{ctm}$$ 1,13   <   1,18   Nachweis NICHT erfüllt

Eine Mindestbewehrung aus Betonstahl ist dann nicht erforderlich, wenn nachgewiesen wird, dass nach Erstrissbildung die Systemtragfähigkeit gesteigert werden kann.

Schnittgrößen:

M_{cr} [kNm]: 17,10 $$M_{cr} = f_{ctm} \cdot h^2 / 6$$

$M_{Rd,sys}$ [kNm]: 25,61

M_{cr} < $M_{Rd,sys}$ Nachweis erfüllt

Mindestbewehrung ist NICHT erforderlich

Das System ist in der Lage nach Erstrissbildung weitere Laststeigerungen aufzunehmen (siehe Diagramm).

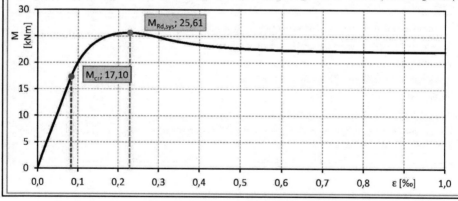

4.6 Zusammenfassung der Ergebnisse

Die in diesem Beispiel behandelte Industriebodenplatte kann als tragende Bodenplatte mit Stahldrahtfasern nach DIN EN 14889-1 ausgeführt werden. Der zur Einstellung der vorgegebenen Leistungsklassen maßgebende Fasergehalt bzw. Fasertyp ist im Vorfeld mit dem Faserhersteller bzw. mit dem beratenden Baustoffprüflabor abzustimmen. Generell ist zu beachten, dass an einspringenden Ecken oder Öffnungen (größer 5-mal Plattenstärke) eine Zusatzbewehrung (oben und unten) als Kerbrissbewehrung einzulegen ist.

Bei der Bemessung von stahlfaserbewehrten Industriebodenplatten, welche keinen baurechtlichen Anforderungen an die Standsicherheit und Dauerhaftigkeit unterworfen sind, somit dem DBV-Merkblatt „Industrieböden aus Stahlfaserbeton" [12] zugrunde liegen, sind zur Beurteilung des Tragvermögens ebenfalls Leistungsklassen basierend auf der Richtlinie Stahlfaserbeton [3] anzusetzen. Die Herstellung und nachfolgende Anwendung von Stahlfaserbeton auf Grundlage von Dosierempfehlungen ohne Leistungsklassennachweis ist nicht zulässig.

Literatur

[1] Müller, T.: Untersuchungen zum Biegetragverhalten von Stahlfaserbeton und betonstahlbewehrtem Stahlfaserbeton unter Berücksichtigung des Einflusses von Stahlfaserart und Betonzusammensetzung, Dissertation. Universität Leipzig 2014.

[2] Sächsische Bauordnung (SächsBO), rechtsbereinigt mit Stand vom 1.05.2014.

[3] Deutscher Ausschuss für Stahlbeton (DAfStb): DAfStb-Richtlinie „Stahlfaserbeton". Beuth Verlag GmbH, 2012.

[4] DIN EN 1992-1-1: Eurocode 2: Bemessung und Konstruktion von Stahlbeton- und Spannbetontragwerken - Teil 1-1: Allgemeine Bemessungsregeln und Regeln für den Hochbau; Deutsche Fassung EN 1992-1-1:2004 + AC:2010. Beuth Verlag, Berlin 2011.

[5] DIN EN 1992-1-1/NA: Nationaler Anhang - National festgelegte Parameter - Eurocode 2: Bemessung und Konstruktion von Stahlbeton- und Spannbetontragwerken - Teil 1-1: Allgemeine Bemessungsregeln und Regeln für den Hochbau. Beuth Verlag, Berlin 2011.

[6] DIN EN 206-1: Beton; Festlegung, Eigenschaften, Herstellung und Konformität. Beuth Verlag, Berlin 2001.

[7] DIN 1045-2: Tragwerke aus Beton, Stahlbeton und Spannbeton - Teil 2: Beton - Festlegung, Eigenschaften, Herstellung und Konformität; Anwendungsregeln zu DIN EN 206-1. Beuth Verlag, Berlin 2008.

[8] DIN EN 13670: Ausführung von Tragwerken aus Beton, Berlin 2009.

[9] DIN 1045-3: Tragwerke aus Beton, Stahlbeton und Spannbeton - Teil 3: Bauausführung. Beuth Verlag, Berlin 2008.

[10] Deutscher Ausschuss für Stahlbeton (DAfStb): DAfStb-Richtlinie „Betonbau beim Umgang mit wassergefährdenden Stoffen". Beuth Verlag, Berlin 2004.

[11] Deutscher Ausschuss für Stahlbeton (DAfStb): DAfStb-Richtlinie „Wasserundurchlässige Bauwerke aus Beton" (WU-Richtlinie). Beuth Verlag, Berlin 2003.

[12] DBV-Merkblatt „Industrieböden aus Stahlfaserbeton". Beuth Verlag, Berlin 2013.

[13] DIN EN 1990: Eurocode: Grundlagen der Tragwerksplanung; Deutsche Fassung EN 1990:2002 + A1:2005 + A1:2005/AC:2010. Beuth Verlag, Berlin 2010.

[14] DIN EN 14651: Prüfverfahren für Beton mit metallischen Fasern; Bestimmung der Biegezugfestigkeit (Proportionalitätsgrenze, residuelle Biegezugfestigkeit). Beuth Verlag, Berlin 2007.

[15] Rustler, W.; Barth, C.: Finite Elemente in der Baustatik-Praxis, 2. Auflage. Beuth Verlag, Berlin 2013

Building Information Modeling – Neue Anforderungen an die Planung von Betonbauteilen

Hans-Georg Oltmanns

1 Vorwort zu BIM

Building Information Modeling, kurz BIM genannt, löst die unterschiedlichsten Reaktionen bei den deutschen Planern aus. Den meisten Kollegen entgeht dabei die eigentliche Bedeutung des Akronyms "BIM". Das Wort „Modeling" richtet die Gedanken auf 3-dimensionale Geometrie aus. Gemeint ist jedoch die "Bau-Informations-Modellierung". Der Schwerpunkt liegt tatsächlich auf dem Handhaben von Informationen zu einem Bauwerk.

"BIM ist die Methode mittels der digitalen Abbildung der physikalischen und funktionalen Eigenschaften eines Bauwerks von der Grundlagenermittlung über die Planungsphasen und Errichtung von Bauwerken bis zum Rückbau/Abriss zu arbeiten. Als solches dient sie als Methode, Informationen und Daten für die Zusammenarbeit über den gesamten Lebenszyklus des Bauwerkes zur Verfügung zu stellen und zu teilen."

BIM ist eine neue Planungsmethode und keine neue 3D-Software!

BIM ist ein Paradigmenwechsel der bisherigen Planungs-, Bau- und Betriebsstrukturen Deutschlands

BIM ist international wesentlich weiter entwickelt als in Deutschland.

Wir werden uns diesen Herausforderungen stellen müssen. Deutschland darf nicht zum kleinen "gallischen Dorf" der Traditionsbewahrer scheinbar bewährter Methoden werden. Wir haben das wohl weltweit engmaschigste Netz von Regelwerken und Vorschriften. Trotzdem mehren sich die sogenannten "Pannenbauwerke". Diese Pannen sind sicher nicht allein auf das Fehlen von BIM-Methoden zurückzuführen. Gleichwohl war es notwendig hier in einer Reformkommission unsere bisherigen Verfahren zu überprüfen.

Prof. Dipl.-Ing. Hans-Georg Oltmanns, Oltmanns & Partner GmbH, Oldenburg

Historische Entwicklungen

Die Methode BIM hat im übertragenen Sinn ihre Wurzeln im Mittelalter:

B auen

I m

M ittelalter

Zur Zeit der Baumeister gab es keine Trennung zwischen Planung und Ausführung. Der Baumeister plante und baute für seinen Auftraggeber und war für das Gesamtprojekt verantwortlich. Im Zuge einer zunehmenden Spezialisierung wurde diese generalistische Art der Bauabwicklung durch die Trennung von Planung und Ausführung abgelöst. Es bekam nicht mehr unbedingt der den Auftrag, der am besten bauen konnte, sondern wer Planungen am billigsten umsetzen konnte. Letztendlich ist dabei eine ausufernde Streitkultur entstanden. In anderen Ländern hat man dies längst erkannt und sich in Richtung von mehr gemeinsamem Planen und Bauen zurückentwickelt. In Deutschland bestehen im Wesentlichen die Objektplaner auf der Beibehaltung der Trennung von Ausführung und Planung.

Interessant ist dabei die Aussage des Architekten **Adolf Loos** aus dem Jahre 1910

> "Die Baukunst ist durch den Architekten zur graphischen Kunst herabgesunken. Nicht der erhält die meisten Aufträge der am besten bauen kann, sondern der, dessen Arbeiten sich auf dem Papier am besten ausnehmen.
> Und diese beiden sind Antipoden."

Die gemeinsame Arbeit an einem mit allen Informationen angereicherten EDV-Modell könnte das Leitbild des Baumeisters neu beleben. Zunächst unter Beteiligung von Bauherren, Planern und Ausführenden **digital bauen**, erproben und optimieren um dann das **reale Bauwerk** zu erstellen wird die Methode der Zukunft sein.

Als Beispiel sei hier die weltweit erfolgreiche Meyer Werft in Papenburg genannt. Sie baut keine Serien. Jedes "Bauwerk" ist ein Unikat. Der Werdegang ist genau eingetaktet:

> 24 Monate Planung (hier sind Abstimmungen und Änderungen möglich) und 6 Monate Bauzeit für Bauwerke mit mehr als 2000 Betten, die schwimmend den Naturgewalten trotzen und zum Festpreis ausgeliefert werden.

Das wird der Maßstab sein, an dem sich die Wertschöpfungskette Bau messen lassen muss.

Reformkommission „Großprojekte"

Der damalige Minister Ramsauer hat 2013 die Reformkommission "Großprojekte " ins Leben gerufen. Sie wird von Minister Dobrindt fortgeführt. Die Themen wurden in Arbeitsgruppen bearbeitet und der Kommission vorgestellt. Zu den Schwerpunkten gehören u.a. die Überprüfung des Vergaberechts, transparente Projektvorbereitung, Bürgerbeteiligung, Nachhaltigkeit, Kosten- und Termintreue, digitale Planungsmethoden, Risikobewertung usw.

Das Ergebnis soll später in einem Handbuch zusammengeführt werden. Der Kommission wurde eine wissenschaftliche Begleitung beigestellt. Sie besteht aus der KPMG (Nationales und internationales Recht), ARUP (internationales Generalplanungsbüro), Siggi Wernik (BuildingSMART) und Prof. Hans-Georg Oltmanns (Nationale Planer Verbände, Hochschulen und BuildingSMART). Die wesentlichen Aufgaben der Kommission sind es eine Analyse der bisherigen Methoden vorzunehmen, ein Abgleich mit der internationalen Entwicklung anzustellen und Lösungsvorschläge für Veränderungen zu erarbeiten. Eine Zusammenfassung wird Ende 2015/Anfang 2016 erwartet.

Die AG BIM hat inzwischen ihre Ergebnisse vorgestellt und die Umsetzung vorbereitet.

Bauen Digital GmbH

Der AG BIM ist es gelungen schon in 2014 ein Ergebnis zu präsentieren. Unter der Leitung des Präsidenten der Bundesingenieurkammer, Herrn Kammeyer, haben die Vorarbeiten des national und international tätigen Vereins BuildingSMART e. V. zu einem raschen Konsens geführt. Unter der Federführung von Siggi Wernik (BuildingSMART) haben Dr. Thomas Liebig (AEC3), Prof. Rasso Steinmann (Hochschule München), Dr. Ilka May (ARUP), Dr. Jürgen Koggelmann (BMVI) und Prof. Hans-Georg Oltmanns (Jadehochschule) ein Handlungspapier für die Einführung von BIM in Deutschland erarbeitet und an die Kammern und Verbände der Bauwirtschaft herangetragen.

Der Hauptverband der Deutschen Bauindustrie (HDB), der Verband Beratender Ingenieure (VBI), BuildingSMART e.V. griffen die Ideen auf. Mit Unterstützung des BMVI wurden weitere Kammern und Verbände für die Einrichtung einer nationalen BIM-Plattform gewonnen. Auf der Bau 2015 in München konnte Minister Dobrindt die Gründung der Organisation bekannt geben.

Dabei ist erstmalig aus der gesamten **"Wertschöpfungskette Bau"** eine Organisation entstanden, die sowohl Planer und Bauausführende als auch Betreiber zusammenführt. Die Hauptaufgaben der "Bauen Digital GmbH" sind zunächst:

- BIM in Deutschland bekannt zu machen und für die Entwicklung einheitlicher Standards zu sorgen.
- BIM-Forschungen anzuregen und zu koordinieren
- BIM-Regelwerke (VDI) und ISO-Normung (DIN) zu begleiten
- BIM-International (BuildingSMART e.V.) zu unterstützen
- BIM-Pilotprojekte der Öffentlichen Hand und von privaten Investoren anzuregen und zu begleiten
- BIM-Grundkompetenzen bei der Ausbildung des Ingenieure an den Hochschulen anzuregen
- BIM-Fortbildungsprogramme zu unterstützen.

Die Bauen Digital GmbH bietet eine einmalige Chance auch weitere Ergebnisse der Reformkommission aufzunehmen und die zentrale Umsetzung zu fördern. Letztendlich könnte sie mit dem GAEB zusammenarbeiten oder gemeinsam agieren.

Damit würde sie zum Zentrum der Digitalisierung der Wertschöpfungskette Bau und ein weiterer Baustein für das Programm der Bundesregierung „Industrie 4.0" werden. Ein weiterer Schwerpunkt der Arbeit ist die Förderung Mittelständischer Unternehmen (KMU) um bei der digitalen Entwicklung in Deutschland mitzuhalten.

2 BIM - Methode

B auteilstruktur

I nformation

M odellierwerkzeug

M anagement

Bisher entstanden Pläne aus Strichen. Die Striche erzeugten in einer technischen 2-D-Darstellung Grundriss, Ansicht und Schnitt. Aus den Bildern setzte sich im Kopf ein 3-dimensionales Bauwerk zusammen. Diese "Kopfbauwerke" waren je nach Vorstellungsvermögen der Betrachter recht ähnlich oder sehr unterschiedlich. Kollisionen von Bauteilen waren nur schwer erkennbar. Strichen konnte man in der Regel keine Bauteilinformationen zuordnen. Die immer komplexer werdenden fachübergreifenden Zusammenhänge waren nur schwer erkennbar.

Daran hat auch der Wechsel von Reissschiene zum CAD nur wenig geändert.

Bauteilstruktur

Bei der BIM-Methode werden Bauteile verwendet. Sie werden mit fortschreitender Planung detaillierter, können über das Internet aus Bauteilbibliotheken von Herstellern entnommen werden, sind leicht austauschbar und können gleichzeitig von allen Planungsbeteiligten eingesehen und beurteilt werden. Sie stehen in leicht verstehbarem Kontext zu weiteren Bauteilen. Den Bauteilen ordnet man beliebig viele Eigenschaften zu. Die Eigenschaften werden in der begleitenden Datenbank hinterlegt und sind mit den Bauteilen verknüpft.

Die fachbezogenen Strukturen lassen sich über Filtereinstellungen zu Fachmodellen separieren und bearbeiten. Dennoch wird es in naher Zukunft nicht nur ein Modell geben. Der Tragwerksplaner wird neben dem geometrischen Modell ein mechanisches Modell erzeugen um keine unnötigen Verwerfungen in seinem Rechenmodell (FEM) zu erzeugen. Der TGA-Planer wird für seine Berechnungen und Simulationen ebenfalls mit einem Fachmodell arbeiten.

Darin liegt auch kein Widerspruch. Die Fachmodelle sind nicht die Grundlage für das generalistische geometrische Abbild des Bauwerks. Die Projektbeteiligten können jedoch sehr wohl durch Abgleich und Korrektur dem jeweiligen Planungsstand folgen. Nicht jede kleine geometrische Änderung macht ein neues Fachmodell oder eine Korrektur notwendig.

Der Vorteil des "Mastermodells" ist jedoch, dass hier alle relevanten Strukturen und Information an einer Stelle zusammengeführt und für alle Beteiligten verfügbar sind.

Änderungen werden protokolliert und sichtbar gemacht. Entfernungen werden über das Internet überbrückt. In direktem Kontakt über das Internet können mehrere Fachingenieure gleichzeitig auf das Modell schauen und die Auswirkungen von gegenseitigen Änderungswünschen beurteilen und festlegen. Planungsbesprechungen sind dann eher wie die "Dritte Lesung" am Ende von Planungsabschnitten zu verstehen.

Information

Der wichtigste Aspekt der BIM-Methode ist die Sammlung der Informationen zu den Bauteilen. Die Informationen werden in Datenbanken verwaltet und ergänzt. Grundsätzlich erhält jedes Bauteil eine unverwechselbare Identifikationsnummer (ID, GUID). Selbst bei sich wiederholenden Bauteilen wird so verfahren. Die GUID wird vergeben und bleibt mit dem Bauteil verbunden. Damit ist sie eindeutig verwaltbar.

Diese Information müssen allerdings standardisiert werden. Ansonsten wird es bei unterschiedlicher Software der Beteiligten zu Irritationen führen. Es ist nicht mehr die bisher bekannte Schnittstellenproblematik das Problem, sondern eine für alle Planungsbeteiligten eindeutige Regelung welche Datenfelder einer Datenbank mit welcher Information gefüllt werden.

Dann lassen sich geometrische, mechanische, beschreibende und sonstige Informationen direkt mit dem Bauteil verbinden. Sie können dann die Grundlage für Berechnungen, Ausschreibungstexte (Leistungsbeschreibung), Wartung usw. sein. Damit werden die Grundlagen für eine Datenbank gelegt, die das Bauwerk von der Idee, über Planung, Ausführung, Betrieb und Rückbau begleitet.

Eine wesentliche Aufgabe der Bauen Digital GmbH wird es sein die Standardisierung der notwendigen Bauteilinformationen auf nationaler und internationaler Ebene zu ermöglichen und ordnend einzugreifen. Erst dann wird auch die Software in der Lage sein, fehlerfrei die Informationen anderer Softwareprodukte zu verwenden.

Modellierwerkzeug

Nahezu alle einschlägigen Softwarehäuser haben ihre Programme zu Modellierwerkzeugen weiterentwickelt. Es ist in der Regel nicht notwendig an dieser Stelle große Investitionen zu machen. Wichtiger ist es, die Möglichkeiten der Software auch zu nutzen. Da ist sicher in vielen Büros bei der Weiterbildung der Mitarbeiter Handlungsbedarf und eine Änderung bei den eigenen Planungsprozessen vorzunehmen.

"Modelliert ihr schon oder zeichnet ihr noch?"

Da fast alle Modellierungswerkzeuge inzwischen das Datenformat IFC (Industry Foundation Classes) erzeugen können, lassen sich wichtige Daten zwischen den Programmen austauschen. Leider sind die weitergehenden Informationen noch nicht ausreichend standardisiert. Hier ist dringender Handlungsbedarf für die Bauen Digital GmbH. Nur dann ist es möglich die nächste Stufe von "Little Closed BIM" (alle arbeiten am Projekt mit der gleichen Softwarekombination) zu "Big Open BIM" (alle können mit beliebigen Softwarekombinationen arbeiten) zu erreichen.

Die zögerliche Verwendung der BIM-Methode ist in Deutschland zum Teil auf diese Problematik zurückzuführen. Die eher kleinmaßstäbliche Struktur der Planungsbüros ist da ebenfalls hinderlich. Es ist eher unwahrscheinlich, dass die vom Bauherrn und seinem führenden Objektplaner ermittelte Zusammensetzung der Planer mit den gleichen Modellierwerkzeugen arbeitet.

Die Situation in Deutschland gibt der Kommentar eines skandinavischen Kollegen wieder:

"In Skandinavien freut man sich über alles was mit BIM-Werkzeugen schon erfolgreich funktioniert

in Deutschland meckert man über alles was noch nicht perfekt klappt und wofür keine Regelungen existieren"

Management

Die Komplexen Bauwerke erfordern heute eine verwaltbare Übersicht der hinterlegten Daten. Dabei hilft die Verknüpfung mit den modellierten Bauteilen in Gesamtstrukturen die visuelle Kontrolle mit leicht bedienbaren „Viewern" durchzuführen. Sie sind kostenlos und erfordern keine intensive Schulung. Weitere Kontrollen sind mit sogenannten „Modelcheckern" möglich. Sie können mit programmierbaren Abfragen logische Fehler entdecken, protokollieren und Planungsbeteiligte benachrichtigen.

Begriffsbestimmungen

IFC Industry Foundation Classes – von buildingSMART-International entwickelt ist IFC ist ein offener Standard für das Bauwesen. IFC ist unter ISO 16739 als internationaler Standard registriert.

bSDD buildingSMART Data Dictionary – ein Mechanismus, der es ermöglicht, mehrsprachige Wörterbücher aufzubauen. Die bSDD ist als Referenzbibliothek eine der Komponenten des BuildingSMART-Systems die Zusammenarbeiten in der Bauindustrie zu unterstützen.

GUID Globally Unique Identifier   einzigartiger Identifikator (GU:ID)

IDM Information Delivery Manual   Handbuch zur Informationsübergabe

MVD Model View Definition   Definition der Modellsicht

API Application Programming Interface   Ein Programmteil das die Verbindung zu anderen Programmen herstellt

DIN Spec   Eine DIN SPEC ist keine Norm sondern eine Spezifikation. Während Normen durch einen umfangreichen Erarbeitungsprozess gekennzeichnet sind, geht es bei der Entwicklung von Spezifikationen hauptsächlich um Schnelligkeit. So kann Wissen schnell allen zugänglich gemacht werden.

LOD Level of Development   Entwicklungsstand des Modells

LOI Level of Information   Informationsstand der im Modell hinterlegten Daten

LOD und LOI sind mit den Leistungsphasen der HOAI vergleichbar. Dabei können die Fachmodelle in den Leistungsphasengrenzen unterschiedliche Entwicklungs- oder Informationsstände haben. Da die HOAI in Deutschland als Preisrecht für Planungsleistungen nach in sich geschlossenen Leistungsphasen genutzt wird, scheinen hier Konflikte zu bestehen. Die lassen sich jedoch durch entsprechende Vertragsgestaltung durchaus lösen.

3 BIM - Umfeld

Building Information Modeling (BIM) ist eine Weiterentwicklung von Planungswerkzeugen unter konsequenter Anwendung der EDV-Technik. Sie ist eine Methode, die Technologie mit Menschen, Prozessen, Richtlinien und dem Management verbindet.

Prozesse

Da man bei einem virtuellen EDV-Bauwerk über die Fachdisziplinen hinweg an einem gemeinsamen Mastermodell arbeitet, sind alle Planer gefordert neue Wege der Zusammenarbeit zu entwickeln. Um die Summe des Planer Wissens in das Modell einfließen zu lassen, sind grundlegende Veränderungen notwendig um Wissen zu teilen, zu kommunizieren, weiterzugeben und zu steuern. Es sind daher neue Idealprozesse zu entwickeln und zu optimieren. Dazu sind Rollen und Rechte zu organisieren und diszipliniert einzuhalten.

Richtlinien

Um die notwendige Verlässlichkeit von Informationen im BIM-Prozess zu gewährleisten sind Technische Spezifikationen und Standards verbindlich festzuschreiben. Ohne diese Voraussetzungen können die erzeugten Daten nicht effektiv verwaltet und von allen genutzt werden. Softwarehäuser sind in der Lage auch individuelle Lösungen anzubieten. Solche Lösungen würden jedoch die Kosten in für Mittelständler in unbezahlbare Höhe treiben. Bei der Vertragsgestaltung sind die zu vereinbarenden Standards in einem Projekthandbuch zusammenzutragen solange allgemein gültige Richtlinien nicht zur Verfügung stehen.

Menschen

Vor Beginn der Arbeit an einem BIM-Projekt ist dafür Sorge zu tragen, dass die Teammitglieder ausreichend geschult werden. Für eine ausreichende Unterstützung der im Projekt eingebundenen Personen ist zu sorgen. Die BIM-Bearbeitung ist neben den bisherigen nur auf Kreativität aufgebauten Planungsschritten eine auf durchgehende Prozesse aufgebaute Methode. Gestörte Abläufe und improvisierte Lösungen innerhalb der Prozesse gefährden den Projekterfolg durch Überforderung und Demotivation der Mitarbeiter.

Technologie

Grundsätzlich sind die erforderlichen Technologien für eine Zusammenarbeit auch über die Bürogrenzen hinaus vorhanden. Dennoch ist es notwendig sie für den anstehenden Datenaustausch zu konfigurieren, zu testen, zu überwachen und anzupassen. Die Technologie unterliegt einer rasanten Entwicklung. Gleichwohl ist es nicht immer sinnvoll, sofort auf die jeweils neueste Entwicklung aufzusetzen. Hier ist ruhiges Vorgehen angebracht, bevor man durch unkritisches Aufspielen von Updates ein funktionierendes System destabilisiert. Wenn keine zwingende Notwendigkeit besteht, sollten ständige Veränderungen der Konfiguration vermieden werden.

4 Beispiel für die Anwendung von IFC bSDD GUID

Um BIM erfolgreich einzusetzen beginnt man mit dem Modellieren von Bauteilen. Hier sind in den Programmen in der Regel schon erste Attribute wie z. B. Betongüte wählbar. Über weitere Attribute kann man eine Reihe von zusätzlichen Informationen hinterlegen.

Mit den Informationen aus Struktur und Geometrie (IFC), dem buildingSMART Data Dictionary wird eine unverwechselbare GUID gebildet. Damit ist das Bauteil eindeutig identifizierbar und steht für weitere Anwendungen zur Verfügung:

Massenermittlung Beton, Schalflächen und Qualität der Oberflächen, Ausschalfristen, Betonrezeptur, Nachbehandlung, Bewehrungsgehalt und Qualität, Bauphysikwerte, Leistungsbeschreibung, usw.

Die Attribute werden in der Datenbank des Modellierungsprogramms verwaltet, in den folgenden Schaubildern „bauteilspezifischer Container" genannt.

Beispiel Code Wand

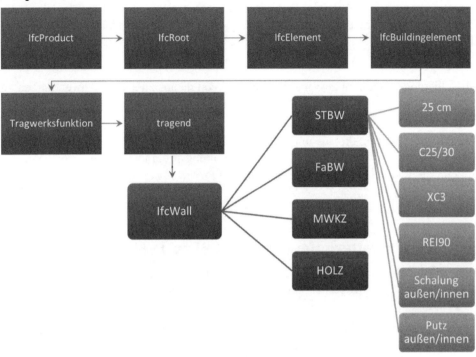

IfcWall_T_A_0250_001_BETON_C2530_XC3_
REI90_S1-1_PZ-1_S1-3_PG-3_NW
(Allgemeine Angaben)   (Bauteilspezifische Angaben)

Beispiel für weitere Informationen im Container (Datenbank)

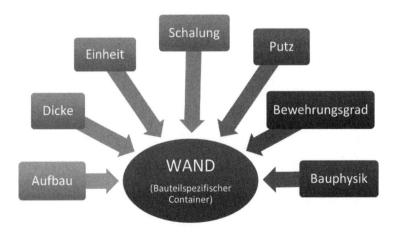

Um Bauteildaten zu sammeln und für weitere Anwendungen zu verwenden sind Entscheidungen zu treffen, wo sie hinterlegt werden sollen. Grundsätzlich lassen die Daten auch in einem Programm hinterlegen, dass von dem Modellierungsprogramm unabhängig ist, z. B. in einem modellbasierten Ausschreibungsprogramm.

In Ingenieurbüros wird man vermutlich eher dazu neigen die Daten im eigenen

Modellierungsprogramm zu verwalten und sie von da aus an andere Anwendungen zu übergeben. So lassen sich einmal definierte „Bauteilfamilien" leicht bei weiteren Projekten wiederverwenden.

Ausführende Firmen, die aus unterschiedlichen Quellen Daten beziehen werden diese Daten vermutlich lieber in einem Ausschreibungsprogramm hinterlegen und sie anderer Stelle mit den Firmendaten zusammenführen.

Beide Wege sind möglich.

5 Datenweitergabe vom Modell zu IFC und FEM

Das im Modellierungsprogramm erstellte Modell wird über IFC in ein FEM-Modell übergeben. Nach Eingabe der Lasten erfolgt die Ermittlung von Schnittgrößen und Bemessung.

Bei der Datenübergabe werden die im Modell schon festgelegten Angaben zu Betongüten, Stahlqualitäten usw. mit übergeben. Voraussetzung dafür ist selbstverständlich, dass das verwendete FEM-Programm dafür geeignet ist.

Bei der Verwendung dieser sehr geometrisch ausgerichteten Übergabe ist jedoch Vorsicht geboten. Jeder kleine Vor- oder Rücksprung wird dann im FEM – System verarbeitet und kann zu unlogischen Ergebnissen führen. Hier ist gegeben falls nachzuarbeiten. Es entsteht ein Fachmodell Tragwerksplanung und wird nach mechanischen Kriterien angepasst.

Mauerwerksdarstellung aus dem Modellierungsprogramm

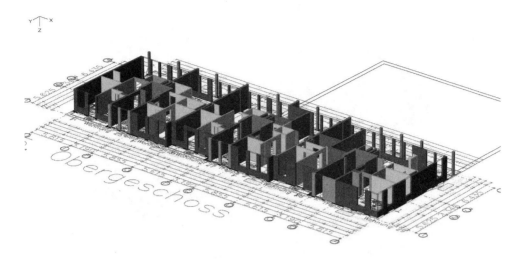

IFC-Ausgabe für die Datenübertragung zum FEM-Programm

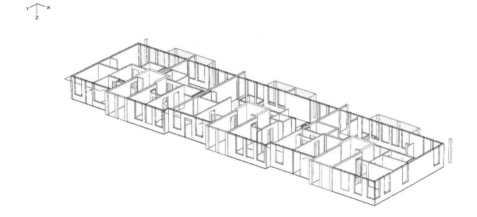

Generierung des FEM-Netzes

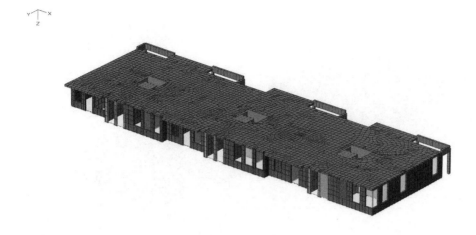

Beispiel für die Schittgrößenausgabe

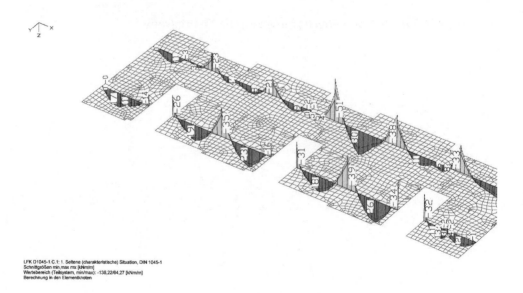

Bei den Ausgaben von Ergebnissen ist die graphische Darstellung in der Regel ausreichend und führt zu einer raschen Beurteilung der Ergebnisse. Im vorliegenden Fall entstehen an den Treppenhausrändern unlogische Einspannungen. Hier sind die Lagerbedingungen zu korrigieren. Standardmäßig sind FEM-Programme oft mit starren Verbindungen zu den angrenzenden Bauteilen eingestellt.

6 Datenweitergabe vom Modell zum Werkplan

Architekturmodellausgabe aus dem Modellierungsprogramm als Grundlage für die Tragwerksplanung

Das Konstruktionsmodell wurde aus den gleichen Datensätzen generiert

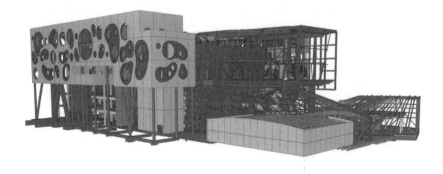

Weiterentwicklung zur Werkstattplanung

Einfügen von Bewehrung, Fugenausbildung und Einbauteilen

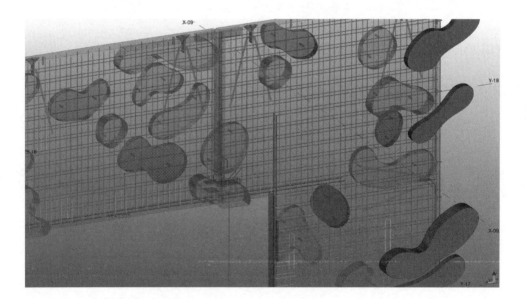

Die Fotos geben die Arbeitsebene des Konstrukteurs wieder. Sich wiederholende Details wurden aus der eigenen Datenbank eingefügt oder per „drag and drop" aus einem IFC-Internetkatalog für Einbauteile entnommen.

Building Information Modeling – Neue Anforderungen an die Planung von Betonbauteilen

Modelldarstellung einer 3-Schichtenplatte

Planausgabe aus dem Modell

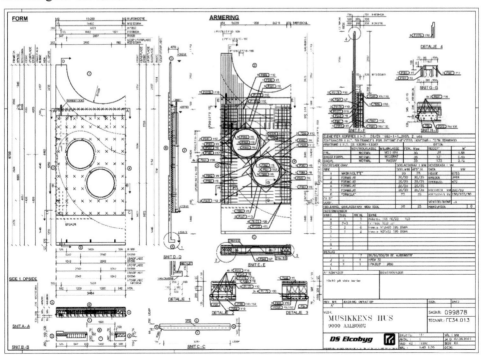

Die Pläne sind direkt aus den Modelldaten erzeugt worden. Sie sind Schichtaufnahmen aus dem Modell. Änderungen sind hier nicht möglich. Sie können nur im Modell vorgenommen werden. Damit ist auch der Plan gleichgestellt.

7 Zusammenfassung

Die Methode Building Information Modeling wird in der Zukunft die Arbeit von Planern, Ausführenden und Betreibern grundlegend verändern. Die Bauwerksdaten werden von der ersten Idee über die Planung, den Bau und anschließendem Betrieb ständig aktualisiert.

Sollte es gelingen in der nächsten Zeit die Standardisierung von Informationen voranzutreiben, wird die Weitergabe an andere Anwendungen erleichtert. Standards können auch bewährte Details festschreiben. Damit wird die Fehlerquote weiter reduziert.

Der BIM-Prozess erfordert diszipliniertes Handeln und intensive Kommunikation unter allen am Bau Beteiligten. Untersuchungen eines dänischen Bauunternehmens hat ergeben, dass die bloße Einführung von IFC als Datenformat für Datenübergaben die Fehlerquote deutlich reduziert hat.

Auch wenn es bei BIM um das Modellieren von Daten geht, entstehen 3-D-Modelle die selbst für Laien leichter verständlich sind. Das könnte bei Entscheidungsträgern in Politik und Wirtschaft für weniger Fehlentscheidungen führen.

Die Transparenz der Daten lässt weniger Spielraum für Fehleinschätzungen. Das erzeugt mehr Ehrlichkeit. Die geplanten Bauwerke lassen sich mit Simulationsprozessen noch vor Baubeginn testen, optimieren und beurteilen.

> BIM steht für mehr Kommunikation ….
> **Warum arbeiten wir nicht wieder zusammen?**

Prof. Dipl.-Ing. Hans-Georg Oltmanns
Prüfingenieur für Baustatik
Vorstand von buildingSMART e. V.

Dichte Behälter für die Landwirtschaft – DIN 11622, AwSV, TRwS und was noch?

Thomas Richter

1 Besondere Anforderungen an Anlagen zur Lagerung von Jauche, Gülle, Silagesickersäften und Festmist sowie von Biogasanlagen

Das landwirtschaftliche Bauen wird oft in seiner Bedeutung unterschätzt. Immerhin leben wir in Deutschland gemeinsam mit 26 Mio. Schweinen, 15 Mio. Rindern, 2,5 Mio. Ziegen und Schafen, 107 Mio. Hühnern und 50 000 Pferden. Schätzungsweise 7% des Betonverbrauchs gehen in den landwirtschaftlichen Stall-, Silo- und Lagerbau. Dieser überraschend hohe Anteil erhöht sich noch, wenn man weitere Bauaufgaben im ländlichen Raum betrachtet: Wegebau, Wasser- und Abwasserkanäle, Verarbeitung landwirtschaftlicher Produkte in Molkereien, Schlachthöfen und Mühlen oder Windenergienutzung.

Dabei unterscheidet sich das landwirtschaftliche Bauen deutlich von anderen Baubereichen:
- Es gibt viele, aber im Vergleich zu Industrieanlagen kleine Objekte. Ausnahmen bilden einige landwirtschaftliche Bauvorhaben in den neuen Bundesländern sowie Großanlagen für die Biogaserzeugung.
- In der Vergangenheit und teilweise auch noch heute finden Einfach-Bauweisen Anwendung, bei denen die Landwirte Eigenleistungen erbringen können.
- Die Haltungsverfahren für Tiere stehen im Blickpunkt der Öffentlichkeit. Gesunde Lebensmittel, tiergerechte Haltung und Umweltschutz im Stall und auf dem Feld interessieren fast jeden.
- Entscheidungen über Bauweisen und Baustoffe werden im Wesentlichen durch baufremde Personen bestimmt. Landwirte als Bauherren und ihre landwirtschaftlichen Berater nehmen sehr viel mehr Einfluss auf die landwirtschaftlichen Bauten als Bauherren im Wohnungsbau. Architekten und planende Bauingenieure bekommen ihre Aufgabe in der Umsetzung von staatlichen und politisch geprägten Umwelt- und Haltungsvorgaben.
- Die Politik übt starken Einfluss auf die Haltungsverfahren und damit auch die Bauweisen aus. Die Europäische Gemeinschaft legt Mindeststandards der

---

Dr.-Ing. Thomas Richter, BetonMarketing Nordost Gesellschaft für Bauberatung und Marktförderung mbH, Sehnde / Leipzig

artgerechten Tierhaltung und des Umweltschutzes für alle Mitgliedsstaaten fest. In den deutschen Bundesländern besteht die Tendenz - je nach politischer Ausrichtung - diese Mindestanforderungen zu verschärfen. Warum das nordrhein-westfälische Schwein deutlich mehr Platz braucht als das französische oder bayerische ist kaum nachvollziehbar, zumal zu große Flächen auch Nachteile in Bezug auf Sauberkeit und Hygiene haben können.
- Die wasserrechtlichen Rahmenbedingungen haben sich in den letzten Jahren deutlich verschärft.
- Die mechanischen, chemischen und Witterungsbeanspruchungen im Bereich von Futter(säuren), Gülle, Festmist und Biogas sind extrem hoch.

Vor dreißig Jahren war es für Landwirte normal, Beton und Mörtel selbst zu mischen. Angetrieben wurden die Mischer z. B. über spezielle Wellen an Traktoren oder Schleppern. In der Zwischenzeit hat sich viel verändert: größere Betriebsstrukturen, Rationalisierung und Spezialisierung sowie schärfere Auflagen der Behörden haben Transportbeton und Betonfertigteile auch im Landwirtschaftsbau zum Maß des Bauens gemacht, die Fachbetriebspflicht für JGS-Anlagen steht vor der Einführung, für Biogasanlagen gilt sie bereits.

Tierhaltungsverfahren mit Gülle (Gemisch aus Kot, Harn, Futterresten und Wasser) dominieren heute wegen arbeitswirtschaftlicher Vorteile gegenüber Verfahren mit Festmist (Bindung des Kots und Harns durch Einstreu). Jahreszeitliche Einschränkungen der Felddüngung mit Gülle und Festmist führen zu einem erhöhten Lagerbedarf der Gülle bis zu 9 Monaten. Sowohl runde Ortbeton-Stahlbetonbehälter als auch Spannbeton-Fertigteilbetonbehälter und Stahlbeton-Fertigteilbehälter mit Behältergrößen zwischen 300 m³ und 2 000 m³ haben sich als Güllelager und Behälter in Biogasanlagen bewährt. Gülle aber auch bestimmte Getreidesorten (z.B. Mais) sind sehr energiereich. Die Vergärung unter Luftabschluss erzeugt Biogas mit hohem Brennwert, das zur elektrischen Stromerzeugung genutzt wird. Dabei zusätzlich anfallende Wärme kann im landwirtschaftlichen Betrieb verwendet werden.

Deutlich schärfere Anforderungen an den Beton stellen Gärfuttersilos (Fahrsilos, Siloplatten). Speziell zusammen gesetzte Betone widerstehen dauerhaft den kombinierten Angriffen aus Gärsäuren, Frost und mechanischen Beanspruchungen beim Befüllen und Entleeren des Futters.

Die 2004 erschienene Norm DIN 11622 regelt die Bauweisen für Gülle- und Gärfuttersilos. Z. Z. wird die DIN 11622 überarbeitet und auf Behälter in Biogasanlagen erweitert. Gleichzeitig werden die geänderten Randbedingungen beim Silieren von Gärsubstraten gegenüber dem Silieren von Futter-Silage in der Norm berücksichtigt. Die Neuausgabe wird voraussichtlich 2015 erfolgen, Mitte Februar 2015 erfolgte die Einspruchssitzung [1], [2].

2 Begriffe

Im Folgenden werden einige in der Landwirtschaft gebräuchliche Begriffe definiert, die im Regelfall nicht zum allgemeinen Sprachgebrauch des „Baumenschen" gehören:

- *Jauche* ist ein Gemisch aus Harn und ausgeschwemmten feinen Bestandteilen des Kotes oder der Einstreu sowie von Wasser. Jauche kann in geringem Umfang Futterreste sowie Reinigungs- und Niederschlagswasser enthalten.
- *Gülle* besteht aus tierischen Ausscheidungen, auch mit geringen Mengen Einstreu oder Futterresten oder Zugabe von Wasser (Reinigungs- und Niederschlagswasser), deren Trockensubstanzgehalt 15 M.-% nicht übersteigt.
- *Silagesickersaft (auch Siliersaft)* ist Gärsaft (Haftwasser und Zellsaft) sowie ggf. verunreinigtes Niederschlagswasser. Gärsaft ist die beim Silieren und Lagern von Silage durch Zellaufschluss oder Pressdruck entstehende säurehaltige Flüssigkeit.
- *Festmist* besteht aus tierischen Ausscheidungen, auch mit Einstreu, insbesondere Stroh, Sägemehl, Torf, oder anderem pflanzlichen Material, das im Rahmen der Tierhaltung zugefügt worden ist. Die Ausscheidungen können mit Futterresten vermischt sein. Der Trockensubstanzgehalt des Festmists übersteigt 15 M.-%.
- *JGS-Lager, Gärfuttersilos und Festmistlager* sind ortsfeste und ortsfest genutzte Funktionseinheiten, in denen die genannten Stoffe zur weiteren Nutzung, Abgabe, Verwertung oder Entsorgung vorgehalten werden. Hierzu zählen insbesondere Behälter, Erdbecken, Güllekeller, Güllewannen, Silos sowie alle sonstigen Einrichtungen wie Entmistungskanäle und -leitungen sowie Gruben zum Sammeln und Fördern von JGS, in denen diese Stoffe regelmäßig eingestaut sind.
- *Biogas* ist das gasförmige Produkt der Vergärung, das hauptsächlich aus Methan und Kohlenstoffdioxid besteht und je nach Substrat außerdem Ammoniak, Schwefelwasserstoff, Wasserdampf und andere gasförmige oder verdampfbare Bestandteile enthalten kann.
- *Biogasanlagen* sind
  - Anlagen zum Herstellen von Biogas, insbesondere Vorlagebehälter, Fermenter, Kondensatbehälter, Nachgärer;
  - Anlagen zum Lagern von Gärsubstraten und Gärresten, wenn sie in einem engen räumlichen Zusammenhang mit den Herstellanlagen stehen und
  - die dazu gehörenden Abfüllanlagen.
- *Gärsubstrate landwirtschaftlicher Herkunft* sind
  - pflanzliche Biomassen der landwirtschaftlichen Grundproduktion,
  - Pflanzen und Pflanzenbestandteile, die in land-, forstwirtschaftlichen oder gartenbaulichen Betrieben oder bei der Landschaftspflege anfallen, sofern sie zwischenzeitlich nicht anders genutzt worden sind,
  - pflanzliche Rückstände aus der Herstellung von Getränken, der Be- und Verarbeitung landwirtschaftlicher Produkte (z.B. Obst- oder Kartoffelschlempe) ohne Zusatz wassergefährdender Stoffe,
  - Silagesickersaft,
  - tierische Ausscheidungen (Jauche, Gülle, Festmist, Geflügelkot).

JGS-Stoffe und Gärsubstrate landwirtschaftlicher Herkunft werden nicht in eine Wasergefährdungsklasse eingestuft und gelten als „allgemein wassergefährdend".

3   Rechtliche Rahmenbedingungen

Jauche, Gülle, Silagesickersaft (JGS), Festmist, und Gärreste sind einerseits wertvolle Wirtschaftsdünger für den landwirtschaftlichen Betrieb, können andererseits aber bei nicht sachgemäßem Lagern oder Abfüllen die Gewässer gefährden. Das Einleiten dieser Stoffe in die Kanalisation, oberirdische Gewässer und Gräben sowie das Versickern in den Untergrund und Einleiten in das Grundwasser sind deshalb verboten. Jauche, Gülle, Silagesickersaft und Gärreste können insbesondere folgende Auswirkungen haben:

- mikrobiologische und chemische Gefährdung der Gewässer
- Verunreinigung der zur Trinkwasserversorgung genutzten Wasserdargebote
- Fischsterben als Folgen der Sauerstoffzehrung im Gewässer
- Verunkrautung und Verschlammung (Eutrophierung von Gewässern bei Langzeiteinwirkung
- Störung der Abwasserreinigung.

Die Herstellung von zusätzlichem Lagerraum für Jauche, Gülle, Silagesickersäfte und Festmist und vergleichbaren in der Landwirtschaft anfallenden Stoffen führt dazu, dass organische Nährstoffe länger gelagert und damit noch besser bedarfsgerecht als bisher auf die landwirtschaftlichen Flächen als wertvoller Dünger ausgebracht und umweltgerecht verwertet werden können. Für JGS-Anlagen sowie Biogasanlagen gelten mehrere Rechtsbereiche gleichrangig, u. a. baurechtliche und wasserrechtliche Vorschriften. Wasserrechtliche Grundlage ist das Wasserhaushaltgesetz WHG [3], das im §62, Absatz 1, den bestmöglichen Schutz der Gewässer vor nachteiligen Veränderungen ihrer Eigenschaften fordert. Damit werden der landwirtschaftlichen Spezifik angepasste bauliche Lösungen ermöglicht. Der für das Lagern, Abfüllen, Herstellen und Behandeln von wassergefährdenden Stoffen geltende Besorgnisgrundsatz, dass eine Verunreinigung der Gewässer oder eine sonstige nachteilige Veränderung ihrer Eigenschaften nicht zu besorgen ist, findet für JGS-Anlagen keine Anwendung.

Biogasanlagen sind dagegen Anlagen zum Umgang mit wassergefährdenden Stoffen, für die §62 des Wasserhaushaltgesetzes den Besorgnisgrundsatz aufstellt. Biogasanlagen müssen so beschaffen sein und so eingebaut, aufgestellt, unterhalten und betrieben werden, dass eine Verunreinigung der Gewässer oder eine sonstige nachteilige Veränderung ihrer Eigenschaften nicht zu besorgen ist. Allerdings gibt es für Anlagen mit landwirtschaftlichen Gärsubstraten einige Abminderungen der Anforderungen, um das spezifische (geringere) Gefährdungspotential zu berücksichtigen.

Die wasserrechtliche Regelungskompetenz ist im Rahmen der Föderalismusgesetzgebung von den Ländern auf den Bund übergegangen. Die derzeit noch geltenden, teilweise unterschiedlichen Regelungen zu Anlagen beim Umgang mit wassergefährdenden Stoffen werden in naher Zukunft durch eine bundeseinheitliche Verordnung AwSV ersetzt [4]. Zur Harmonisierung werden die bisher vorhandenen technischen Regelungen aus Länderverordnungen, Verwaltungsvorschriften, Erlassen, Merkblättern und Handlungsempfehlungen als Stand der Technik im Regelwerk der Deutschen Vereinigung für Wasserwirtschaft, Abwasser und Abfall DWA in Technischen Regeln wassergefährdender Stoffe TRwS zusammengefasst [5. 6]. Einen Überblick der künftigen bau- und wasserrechtlichen Rahmenbedingungen für JGS- und Biogasanlagen zeigt Bild 1.

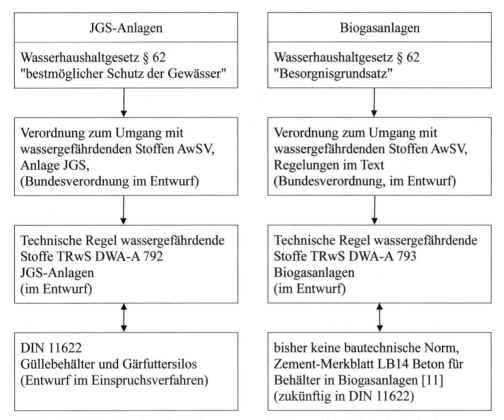

Bild 1: *Zukünftige bundeseinheitliche wasserrechtliche und bautechnische Anforderungen an JGS- und Biogasanlagen*

4 Güllebehälter

Bemessung, Konstruktion und Ausführung von Güllebehältern regelt DIN 11622 [1], [2]. Eine Anwendung der DAfStb-Richtlinien Wasserundurchlässige Bauwerke aus Beton bzw. Betonbau beim Umgang mit wassergefährdenden Stoffen auf landwirtschaftliche Behälter ist nicht zielführend, da Stoffe und technologische Randbedingungen unterschiedlich sind. Üblich sind Behälter aus Stahl- und Spannbeton oder Stahl. Seltener werden Betonformsteine eingesetzt. Unter anderem aus wasserrechtlichen Gründen werden Holzbehälter für den Güllebereich zukünftig nicht mehr errichtet werden dürfen. Für Stahlbehälter ist noch keine Überarbeitung der DIN 11622 erfolgt. Für Güllebehälter ist Beton

- C 35/45 XC4, XF3, XA1, WA, ÜK2 oder
- C 25/30 (LP) XC4, XF3, XA1, WA, ÜK2 einzusetzen.

Gülle führt bei Beton zu einem geringeren Frostangriff als Wasser, da Gülle auf Grund der Inhaltsstoffe erst bei niedrigeren Temperaturen als Wasser gefriert und die Eindringtiefe von Gülle in Beton geringer als von Wasser ist. Langjährig positive Erfahrungen liegen mit Güllebehältern vor, deren Konstruktion und Betonzusammensetzung hinsichtlich Frostangriff der Expositionsklasse XF1 entspricht. Stahlbetonbehälter können deshalb im Einzelfall mit Beton C 25/30 XC4, XF1, XA1, WA, ÜK2 hergestellt werden. Die Mindestbauteildicke beträgt 18 cm. Bei Betonfertigteilen kann die Mindestbauteildicke auf 16 cm verringert werden, wenn der Wasserzementwert des Betons ≤ 0,45 beträgt.

Die maximale rechnerische Rissbreitenbeschränkung beträgt bisher 0,3 mm gemäß DIN 11622-2:2004. Die Festlegung ergibt sich aus dem hohen Feststoffgehalt der Gülle [1]. Zukünftig werden übereinstimmend DIN 11622 und die TRwS JGS / TRwS [5], [6] Biogas aus wasserrechtlichen Gründen und zur Berücksichtigung größerer Behälterhöhen die rechnerische Rissbreitenbeschränkung auf 0,2 mm verschärfen. In einigen Bundesländern ist dies bereits der Fall. Die rechnerische Rissbreitenbegrenzung wird bei Wasser als Lagermedium unter Ausnutzung der sogenannten Selbstheilung des Betons festgelegt. Mit wassergefährden Flüssigkeiten außerhalb des landwirtschaftlichen Bereichs existieren umfangreiche Eindringversuche am gerissenen Beton. Bei Gülle, Gärsubstraten und Gärresten (Flüssigkeits-Feststoff-Gemisch mit hohen Feinanteilen) erfolgte die Festlegung der rechnerischen Rissbreite auf Grundlage von Erfahrungswerten. Um eine wissenschaftliche Untersetzung der Rissbreitenbeschränkung für JGS-Flüssigkeiten zu erreichen, führte die MFPA Leipzig ein Forschungsvorhaben zum Selbstabdichtungsverhalten von Trennrissen in landwirtschaftlichen Behältern durch [7]. Die praxisrelevanten Ergebnisse lassen sich wie folgt zusammenfassen:

- Rissbreiten ≤ 0,2 mm führen auch bei geringen Feststoffanteilen nicht zu einem messbaren Durchfluss.
- Eine Selbstheilung, wie von Wasser bekannt, lässt sich bei Gülleeinwirkung nicht feststellen.
- Es erfolgt eine „Durchflussblockierung" durch Einengen des Strömungspfades und Zusetzen enger Rissbereiche durch Feinststoffe aus der Gülle, außerdem weicht das rheologische Verhalten von Gülle wesentlich vom Verhalten von Wasser ab.
- Bestätigung der Einstufung XA1 bezüglich des chemischen Angriffs von Gülle.

Zur Vermeidung eines erhöhten Betonangriffs darf bei der Lagerung von Jauche, Gülle und Silagesickersäften der Anteil der Silagesickersäfte maximal 25 M.-% der jeweiligen Behälterfüllung betragen, sofern nicht eine Innenbeschichtung bzw.

-auskleidung bzw. ein Beton mit höherem chemischen Widerstand als XA1 höhere Sickersaftanteile erlaubt. Die Begrenzung der Sickersafteinleitung findet sich erstmals in der Niedersächsischen Anlagenverordnung vom 17.12.1997 und ist in anderen Bundesländern bzw. in andere Regelwerken übernommen wurden. Probleme mit dieser Regelung (Korrosion am Behälter) sind aus der Praxis nicht bekannt, Die MFPA Leipzig führt zur Zeit Untersuchungen zum Angriff auf Beton bei Ausnutzung der max. zulässigen Einleitung von Sickersäften durch.

Bei nicht abgedeckten Behältern ist der zu erwartende Niederschlag während der maximalen Lagerzeit und ein Freibord von 20 cm zu berücksichtigen, bei abgedeckten Behältern von 10 cm [5], [6].

DIN 11622 fordert bisher für Güllebehälter eine Dichtheitskontrolle vor Inbetriebnahme für die Bodenplatte und die Anschlussfuge Bodenplatte - Wand durch eine mindestens 0,5 m hohe Wasserfüllung am frei stehenden bzw. nicht hinterfüllten Behälter. Wird vom Auftraggeber bzw. den Wasserbehörden eine Dichtheitskontrolle mit Vollfüllung des Behälters gefordert, ist der Dichtheitsnachweis bei einer Bemessung mit einer rechnerischen Rissbreite von 0,3 mm i. d. R. nicht zu erfüllen. Auch eine vollständige Selbstheilung der Risse ist nicht zu erwarten. Die Rissbreitenbeschränkung muss dann verschärft werden. Dies führt i. d. R. zu unwirtschaftlichen Konstruktionen, da auf die Gebrauchstauglichkeit für eine Flüssigkeit ausgelegt werden muss, die während der Nutzung des Behälters nie wieder auftritt. Die TRwS wird voraussichtlich bei der Dichtheitsprüfung eine 0,5 m hohe Wasserfüllung und eine visuelle Kontrolle der Behälter im Betrieb bei Güllevollfüllung kombinieren [5]. Bei gedämmten Behältern, bei denen keine visuelle Prüfung der Betonoberfläche möglich ist, kann z. B. eine Einbeziehung der Wärmedämmung der Wände in die Leckageerkennung erfolgen. Bei Bestandsbehältern ist unter Einhaltung bestimmter Randbedingungen auch eine Dichtheitsprüfung am Gülle gefüllten Behälter möglich [8]. Bei Bestandsbehältern ist ebenfalls zu berücksichtigen, dass ihre Rissbreitenbeschränkung i. d. R. nicht auf eine Wasservollfüllung ausgelegt ist.

Schadensbilder bei Güllebehältern betreffen

- Undichtigkeiten im Bodenplatte - Wand - Anschluss
- Verarbeitungsmängel im Beton
- Gülle führende Risse.

Für Güllebehälter und Fermenter wird heute in vielen Bundesländern eine Leckageerkennung für die Bodenplatte und den Bodenplatte-Wand-Anschluss (wenn nicht einsehbar) gefordert. Die in der Vergangenheit übliche Leckageerkennung nur für den Bodenplatte-Wand-Anschluss (Drainagerohr auf überstehender Bodenplatte) wird heute nur noch in wenigen Bundesländern akzeptiert. Für Güllekanäle werden bisher i. d. R. keine Leckageerkennungen gefordert. Beispielhafte Lösungen zur Leckageerkennung enthält Bild 2. Leckageerkennungsmaßnahmen bestehen aus

- verschweißten Kunstoffdichtungsbahnen (z. B. ≥ 1,5 mm Dicke, vorkonfektioniert ≥ 1,0 mm Dicke) oder einer dichten Tonschicht

- einer mindesten 10 cm dicken, mindestens 1 % geneigten Drainschicht aus Kies oder alternativ einer Drainmatte
- einem Ringdrain oder bei großen Behältern einem Flächendrain
- ein oder mehreren Kontrollschächten.

Die Detailanforderungen unterscheiden sich bisher von Bundesland zu Bundesland. Zukünftig wird eine Leckageerkennung der erdberührten, nicht einsehbaren Wand- und Bodenflächen für Gülle- und Biogasbehälter voraussichtlich durch die AwSV [4] verbindlich vorgeschrieben, die TRwS werden die technische Umsetzung regeln [5; 6]. Alternativ sind auch kontrollierbare Innenauskleidungen von Behältern möglich, wie sie heute z. B. bei der Lagerung von flüssigen Düngemitteln Stand der Technik sind (Erfüllung des Besorgnisgrundsatzes, Düngemittel sind im Regelfall als wassergefährdender Stoff WGK 1 eingestuft).

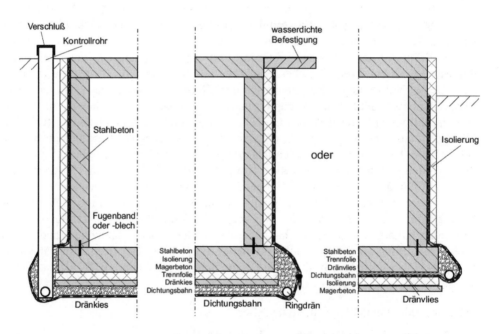

Bild 2: Beispielhafte Ausführungsmöglichkeiten von Leckageerkennungsmaßnahmen [5]

JGS-Anlagen müssen länderweise unterschiedlich festgelegte Mindestabstände zu oberirdischen Gewässern und Brunnen einhalten (z. B. 10 m, 25 m, 50 m). Zukünftig wird ein Mindestabstand von 20 m zu oberirdischen Gewässern und von 50 m zu Trinkwasserbrunnen und -quellen gelten. Im Fassungsbereich und der engeren Zone von Wasserschutzgebieten werden Güllebehälter nicht errichtet werden dürfen, in der weiteren Zone besteht eine Begrenzung des maßgebenden Volumens auf 3000 m³. Bestehende Anlagen dürfen über 3000 m³ hinaus nur erweitert werden zur Erhöhung der Lagerkapazität der Gärrestlager. In Überschwemmungsgebieten sind Anlagen nur zulässig, wenn das Eindringen von Hochwasser sowie das Aufschwimmen von Behältern durch statischen Nachweis am leeren Behälter ausgeschlossen sind. Die

Unterkante der Behälterbodenplatte soll mindestens 0,5 m über dem höchsten Grundwasserstand liegen, Ausnahmen sind möglich [4].

Rohrleitungen an Behältern müssen mindestens mit zwei voneinander unabhängigen Sicherheitseinrichtungen, davon ein Schnellschlussschieber, versehen sein. Durchdringungen dürfen künftig nur überhalb des Flüssigkeitsspiegels angeordnet werden.

Abfüllplätze von Güllebehältern müssen flüssigkeitsundurchlässig befestigt werden. Die Standsicherheit ist gegeben, wenn ein Befestigungsaufbau gemäß Belastungsklasse Bk 1,0 gemäß RSTO 12 gewählt wird (z. B. 21 cm dicke Betondecke). Wenn kein Streusalzeinsatz im Winter erfolgt, kann ein C 25/30 XF3, WF eingesetzt werden.

Wie bisher bereits bei Biogasablagen wird auch bei Güllebehältern die Fachbetriebspflicht eingeführt für folgende Arbeiten:
- Errichtung
- Innenreinigung
- Beseitigung von Ablagerungen
- Instandsetzung von sicherheitsrelevanten Anlagenteilen
- Stilllegung.

Ausgenommen von der Fachbetriebspflicht sind Tätigkeiten ohne unmittelbare Bedeutung für die Anlagensicherheit wie Erdbauarbeiten, Entleerung und Befüllung, Reinigung von Abfüllflächen.

Vor Inbetriebnahme wird zukünftig eine Sachverständigenprüfung erforderlich sein. Bei Bestandsanlagen erfolgt eine einmalige Sachverständigenprüfung (bei Folie ausgekleideten Erdbecken sind regelmäßige Sachverständigenprüfungen erforderlich).

5 Gärfuttersilos

Bei Gärfuttersilos (auch Flach-, Fahrsilos genannt) sind heute drei unterschiedliche Bauweisen üblich:
- Siloplatte mit hohen Seitenwänden
- Siloplatte mit niedrigen Seitenwänden und Futterhaube
- Siloplatte ohne Wände.

Bei der Tragwerksplanung von Gärfuttersilos ist insbesondere zu berücksichtigen, welche Arbeitsgeräte zur Verdichtung des eingebrachten Silierguts und zur Entnahme des fertigen Gärfutters eingesetzt werden (im Regelfall durch Rad- oder Achslasten). Durch das Verdichten können erhebliche Horizontalkräfte auf die Seitenwände ausgeübt werden. Unter anderem kommen heute bei der Verdichtung von Gärfuttersilos für Biogasanlagen schwere Baumaschinen (Radlader, Walzen) zum Einsatz, deren Einsatzgewicht 20 t erreicht oder sogar überschreitet. DIN 11622 unterscheidet mehrere Füllgutklassen je nach Futterart und Trockenmassegehalt.

Die Bodenplatten können mit Deckschichten aus Ortbeton, Gussasphalt oder Walzasphalt ausgeführt werden. Bei der Bemessung der Bodenplatte ist je nach Belastung die Belastungsklasse Bk0,3 oder Bk1,0 nach RSTO 12 [12] unter Berücksichtigung der Baugrundverhältnisse zu Grunde zu legen. Die Bodenplatte ist mit einem Gefälle, das die Ableitung der Sickersäfte sicherstellen soll, auszubilden (sinnvoll $\geq$ 2 %). Ableitungslängen > 15 m funktionieren erfahrungsgemäß nicht zuverlässig, in Verbindung mit hoher Verdichtung des Futterstocks kann es zu einem Aufstau von Silagesickersäften kommen. In der überarbeiteten DIN 11622 wird eine Drainage der Siloränder bei hohen Silowänden bzw. sehr langen Silos gefordert werden, um ein Austauen von Silagesickersäften zu verhindern.

Bei unbewehrten Bodenplatten aus Beton sollte die Kantenlänge 25 * Plattendicke, max. 6,0 m, nicht überschreiten. Trennrisse > 0,1 mm sind zu schließen. Bei bewehrten Bodenplatten aus Beton ist die rechnerische Rissbreite auf 0,2 mm zu begrenzen. Wände von Gärfuttersilos können aus Ortbeton, statisch tragenden Betonfertigteilen, geneigten Betonfertigteilen auf ungebundener Tragschicht (erdgestützte Silowände, Traunsteiner Silo) oder Betonschalungssteinen bestehen.

Bei vollständig abgedeckten Futterstöcken sind für Bodenplatte und Wände insbesondere folgende Betone geeignet [1], [6]

- C 35/45 XC4, XA3, XF3, WF, ÜK2 mit Schutz des Betons
- C 30/37(LP) XC4, XA3, XF4, WF, ÜK2 ohne zusätzlichen Schutz des Betons.

Die zweite Möglichkeit ergibt sich daraus, dass Sickersäfte sowohl einen chemischen (Säure-)Angriff als auch einen Angriff ausüben, der einem Frost-Taumittel-Angriff entspricht. Hochkonzentrierte Gärsäuren, wie sie im Sickersaft vorliegen, üben als schwach dissoziierende Säuren nur einen mäßigen Angriff auf den Beton aus. Der Frost-Taumittel-Angriff überwiegt [13]. Geringfügige Abwitterungen des Zementsteins von Betonwänden und Bodenplatten beeinträchtigen die Gebrauchstauglichkeit des Gärfuttersilos nicht und stellen keinen Mangel dar. Außerdem weisen die für Gärfuttersilos üblicherweise verwendeten Schutzanstriche und Beschichtungen nur eine begrenzte Schutzfunktion und Lebensdauer auf. Ihr Schutzniveau ist in der Regel nicht mit den in anderen Industriezweigen üblichen Schutzsystemen nach DIN EN 14879-3 [14] vergleichbar. Für Beschichtungen und Fugenabdichtungen sowie weitere wasserrechtlich relevante Teile von Gärfuttersilos ist künftig eine allgemeine bauaufsichtliche Zulassung für den JGS-Bereich erforderlich (Zulassungsgruppe Z-59.15) Für Beschichtungen existieren erste Zulassungen.

Bei nicht oder nur teilweise abgedeckten Silagelagern (wie manchmal bei Biogasanlagen anzutreffen) kann Regenwasser in den Futterstock eindringen. Die verdünnten Sickersäfte besitzen dann durch die größere Dissoziation der Gärsäuren eine höhere Betonaggressivität. Der Beton von Wand und Bodenplatte muss in diesem Fall unbedingt mit geeigneten Beschichtungen geschützt werden.

Bei der Überarbeitung der DIN 11622 wird diskutiert, den Verzicht auf einen zusätzlichen Schutz des Betons einzuschränken:

- Höhe des Futterstocks ≤ 3 m
- Füllgutklasse 1 und 2a (keine Nasssilagen)
- luft- und wasserdichte Abdeckung des Silos während des Silierens
- Expositionsklasse XF4.

Damit wird insbesondere den hohen Sickersaftmengen bei Silagen mit geringem Trockenmassegehalt sowie die erhöhten Sickersaftmengen bei hohen Silos Rechnung getragen, wie sie bei Gärfuttersilos für Biogasanlagen häufig vorkommen. Der Erfahrungsbereich beim Verzicht auf einen Schutz des Betons bezieht sich auf für die Tierhaltung genutzte Silos mit geringen Wandhöhen, deren Silagen im Regelfall hohe Trockenmassegehalte aufweisen und bei denen eine dichte Abdeckung zur Erzielung einer hohen Futterqualität sehr wichtig ist.

Derzeit wird für Gärfuttersilos i. d. R. keine Leckageerkennung gefordert. Zum anderen gibt es aber Bestrebungen, zukünftig für Gärfuttersilos über die Bauregelliste Bauartzulassungen zu fordern.

Schadensbilder bei Gärfuttersilos betreffen

- undichte Fugen
- (starke) Abwitterungen durch chemischen Angriff und Frost-Taumittel-Angriff.

6 Silagesickersaftbehälter

Silagesickersaftbehälter dürfen keine Abläufe oder Überläufe ins Freie besitzen. Behälter dürfen vor dem Entleeren max. zu 75 % gefüllt sein, wenn sie keine Überfüllsicherung haben. Behälter, die eine Überfüllsicherung mit optischem oder akustischem Alarm haben, dürfen bis 90 % des Behältervolumens gefüllt werden. Die Behälter aus Stahl- oder Spannbeton müssen den Expositionsklassen XC4, XA3, WF genügen. Bei frei liegenden Bauteilen ist zusätzlich die Expositionsklasse XF3 zu berücksichtigen. Behälter aus Betonringen mit Mörtelfuge sind nicht zulässig. Geeignet sind neben monolithischen Fertigteilbehältern Schachtfertigteile aus Beton (Schachtunterteil, Schachtringe, Schachthals, Auflagerring und Abdeckung nach DIN EN 1917 und DIN V 4034-1 mit elastomeren Dichtmitteln nach DIN EN 681-1 und DIN 4060. Die geeigneten Schachtfertigteile werden als „Schächte Typ 2" bezeichnet, die erhöhte Anforderungen in Bezug auf die chemische Beständigkeit aufweisen. Ein Schutz des Betons gegen starken chemischen Angriff (geeignete Beschichtungen, Auskleidungen) ist erforderlich. In Diskussion ist gegenwärtig die Mindestdicke für vorgefertigte Sickersaftbehälter.

7 Biogasanlagen

Mit der Verabschiedung des Gesetzes für den Vorrang erneuerbarer Energien (EEG) im Jahr 2000 mit einer Stromvergütungsgarantie über 20 Jahre wurde in Deutschland die Grundlage für die breite Förderung der Biogaserzeugung und -nutzung geschaffen. Die Novellierung des EEG 2004 und 2009 führte mit verbesserten Vergütungssätzen und zusätzlichem Bonus für nachwachsende Rohstoffe zu einem regelrechten Boom in der deutschen Biogasbranche. Die Novellierung des EEG 2011 verstärkte die Wirtschaftlichkeit kleiner (mit Gülle betriebener) Biogasanlagen sowie großer Anlagen (mit Einspeisung ins Erdgasnetz). Tabelle 3 gibt einen Überblick über die Biogaserzeugung in Deutschland. Der derzeit aus Biogas erzeugte Strom entspricht etwa dem Stromverbrauch von 7,9 Mio. Haushalten.

Mit der Novellierung des EEG vom 21.7.2014 wurde der Neubau von Biogasanlagen weitgehend unwirtschaftlich (Ausnahme kleine Gülle-Biogasanlagen, Bioabfallvergärungsanlagen). 2015 wird mit dem Bau von nur ca. 60 kleinen Biogasanlagen gerechnet, in Hochzeiten wurden über 1000 Anlagen pro Jahr errichtet.

Tabelle 3: Biogaserzeugung in Deutschland

	2000	2006	2013	Prognose 2020
Anlagenzahl	1000	3600	8000	15000 ... 20000
Davon Biomethan-Einspeiseanlagen	0	0	156	?
Installierte elektr. Leistung [MW]	65	1100	4050	8000
Anteil an der Stromproduktion [%]	< 0,1	1	7	15, alternativ Biomethan-Einspeisung ins Erdgasnetz

Wesentliche Festlegungen des EEG 2014 in Bezug auf Biogas sind

- Streichung der Einsatzstoffvergütungsklassen (EVK) für Energiepflanzen und Gülle (faktisch Ausschluss des Einsatzes von Energiepflanzen)
- Streichung des Gasaufbereitungsbonus (faktisch keine neuen Anlagen zur Biogaseinspeisung ins Erdgasnetz)
- mindestens 150 Tage gasdichte Lagerung der Gärreste (außer bei reinen Gülleanlagen und Bioabfallvergärungsanlagen)
- sehr niedriger Zubaudeckel von 100 MW installierter Leistung/Jahr (durch Flexibilisierung faktisch nur 50 MW/Jahr)
- erhöhte Vergütung für Güllevergärung bei installierter Leistung bis max. 75 kW
- erhöhte Vergütung für Bioabfallvergärung.

Die Anforderungen an Beton für Biogasanlagen sind im Zement-Merkblatt „Beton für Behälter in Biogasanlagen" [11] erläutert und werden in wesentlichen Teilen in die DIN 11622-2 überführt. Besondere Aufmerksamkeit bei Planung und Errichtung von Biogasanlagen benötigen

- Gasbereich von Fermenten und Nachgärern (starker chemischer Angriff auf Beton)
- Aufgabebunker für Gärsubstrate (starker chemischer Angriff durch Silagen mit organischen Säuren im Wandbereich offener Bunker)
- Fahrsilos mit abweichenden Betriebsbedingungen vom Üblichen bei der Futtermittelherstellung (höhere Silos, größere Verdichtung, Nasssilagen, evtl. keine gas- und wasserdichte Abdeckung).

Für Biogasanlagen mit landwirtschaftlichen Gärsubstraten wird die sonst geforderte Doppelwandigkeit der Anlagen unter der Maßgabe des Besorgnisgrundsatzes abgemindert. Gefordert wird stattdessen eine Umwallung der Anlage, um mindestens das größte Volumen eines Behälters überhalb der Geländeoberkante zurückhalten zu können (bei kommunizierenden Behältern ohne automatisch schließende Absperreinrichtungen Gesamtvolumen überhalb der Geländeoberkante).

Behälterdurchführungen sind mit einem mechanisch gesicherten Dichtsystem auszuführen. Durchführungen unterhalb des max. Flüssigkeitsspiegels müssen einsehbar oder mit Leckageerkennung ausgeführt werden. Unterirdische Rohrleitungen (außer Saugleitungen) sind einwandig mit Leckageerkennungssystem und mit nicht lösbaren Verbindungen auszuführen.

Für Bestandsanlagen ist eine Nachrüstpflicht für die Umwallung und eine Nachrüstpflicht für eine mindestens neunmonatige Lagerzeit für Gärreste vorgesehen, ebenfalls kann die zuständige Behörde Anpassungsmaßnahmen, z. B. beim Fehlen der Leckageerkennung, fordern. Mögliche Maßnahmen werden in der TRwS [6] beschrieben. Die Errichtung von Folie ausgekleideten Erdbecken zur Lagerung von Gärresten soll zukünftig nicht mehr zulässig sein [4].

Literatur

[1] DIN 11622: Gärfuttersilos und Güllebehälter (z. Z. in Überarbeitung, siehe [2]).
Teil 1: Bemessung, Ausführung, Beschaffenheit - Allgemeine Anforderungen. Ausgabe 2006-01
Teil 2: Bemessung, Ausführung, Beschaffenheit - Gärfuttersilos und Güllebehälter aus Stahlbeton, Stahlbetonfertigteilen, Betonformsteinen und Betonschalungssteinen. Ausgabe 2004-06
Teil 3: Bemessung, Ausführung, Beschaffenheit - Gärfuttersilos und Güllehochbehälter aus Holz. Ausgabe 1994-07
Teil 4: Bemessung, Ausführung, Beschaffenheit - Gärfutterhochsilos und Güllehochbehälter aus Stahl. Ausgabe 1994-07

Teil 21: Betonformsteine. Ausgabe 2004-06
Teil 22: Betonschalungssteine. Ausgabe 2004-06
Beiblatt 1: Erläuterungen, Systemskizzen zur Fußpunktausbildung.
Ausgabe 2006-01

[2] DIN 11622: Gärfuttersilos, Güllebehälter, Behälter in Biogasanlagen, Fahrsilos.
Teil 2: Gärfuttersilos, Güllebehälter, Behälter in Biogasanlagen aus Beton.
Entwurf zum Einspruchsverfahren 2014-10
Teil 5: Fahrsilos. Entwurf zum Einspruchsverfahren 2014-10
Teil 22: Betonschalungssteine für Gärfuttersilos, Güllebehälter, Fahrsilos und Güllekanäle. Entwurf zum Einspruchsverfahren 2014-10

[3] Gesetz zur Ordnung des Wasserhaushalts - WHG. Fassung vom 31.07.2009

[4] Verordnung über Anlagen zum Umgang mit wassergefährdenden Stoffen (AwSV). Vorlage der Bundesregierung für den Bundesrat vom 25.2.2014 und Beschluss des Bundesrates 77/14(B) vom 23.5.2014

[5] DWA-A TRwS 792. Technische Regel wassergefährdender Stoffe (TRwS) JGS-Anlagen. Deutsche Vereinigung für Wasserwirtschaft, Abwasser, Abfall und Bodenschutz DWA. Entwurf 2014-10

[6] DWA-A TRwS 793. Technische Regel wassergefährdender Stoffe (TRwS) Biogasanlagen. Deutsche Vereinigung für Wasserwirtschaft, Abwasser, Abfall und Bodenschutz DWA. Entwurfs 2014-12

[7] Hornig, U.; Zietmann, N.; Dehn, F.: Untersuchungen zum Selbstdichtungsverhalten von Trennrissen in landwirtschaftlich genutzten Stahlbetonkonstruktionen. Forschungsbericht. MFPA Leipzig, 22.4.2013

[8] Pohl, J.: Dichtheitsprüfung von Güllebehältern ohne Leckageerkennung durch Sachverständige. Bauen für die Landwirtschaft (2014) Heft 2, S. 3-5

[9] RSTO 12. Richtlinien für die Standardisierung des Oberbaus von Verkehrsflächen. Forschungsgesellschaft für Straßen- und Verkehrswesen. Ausgabe 2012

[10] Erneuerbare-Energien-Gesetz - EEG 2014 vom 21.07.2014. BGBl. I, S. 1066, geändert am 22.7.2014 und 3.12.2014

[11] Zement-Merkblatt LB 14. Beton für Behälter in Biogasanlagen. Verein Deutscher Zementwerke, Düsseldorf. Ausgabe 2010-12.
Kostenloser Download unter www.beton.org, Service, Zement-Merkblätter

[12] RSTO 12. Richtlinien für die Standardisierung des Oberbaus. Forschungsgesellschaft für Straßen- und Verkehrswesen FGSV. Köln 2012

[13] Richter, T.: Chemischer Angriff auf landwirtschaftliche Bauwerke. Bauen für die Landwirtschaft 49(2011) Heft 2, S. 15-19

[14] DIN EN 14879-3 : 2007-02: Beschichtungen und Auskleidungen aus organischen Werkstoffen zum Schutz von industriellen Anlagen gegen Korrosion durch aggressive Medien - Teil 3: Beschichtungen für Bauteile aus Beton.

Nachhaltig Bauen mit Beton – die Zukunft in der Gegenwart sichern

Alexander Kahnt, Emanuel Lägel, Klaus Holschemacher

1 Einführung

Die Erstellung und der Betrieb von Bauwerken muss wesentlich ressourceneffizienter, die Nutzungsdauer länger und die Typologie flexibler werden. Damit erhöht sich die Wirtschaftlichkeit, die Ökologie und die Akzeptanz von Betonbauwerken erheblich.

1.1 Der Begriff Nachhaltigkeit

Der Begriff der Nachhaltigkeit wurde von Hans Carl von Carlowitz aus Freiberg in seinem Werk *Sylvicultura oeconomica* im Jahr 1713 geprägt [1]. Hier weist er darauf hin, dass man bei der Rodung von Wäldern bedenken müsse, „wo ihre Nachkommen Holz hernehmen sollen" (von Carlowitz 2009, S.76). Unter Verwendung des antiquierten Begriffs „nachhaltend" beschreibt von Carlowitz das Anlegen einer Reserve (vgl. Duden, 2015: längere Zeit anhalten oder bleiben). Zu Zeiten von Hans Carl von Carlowitz war Holz elementarer Energieträger, aber auch das primäre Baumaterial (siehe Bild 1). Damals hatte man daher Probleme, alle Sektoren mit Holz zu versorgen (z. B. Bergbau oder Schiffsbau). Von Carlowitz forderte aus diesem Grund, dass nur so viel Holz geschlagen wird, wie wieder nachwachsen kann [1]. Zu dieser Zeit war Deutschland bereits stark entwaldet. Von Carlowitz legte den Grundstein für eine stetige, bis heute anhaltende Aufforstung Europas. Weltweit bekannt wurde der Begriff der Nachhaltigkeit durch den 1987 erschienenen Abschlussbericht der Brunland-Kommission „Our Common Future" [2]. Darin werden die Grundsätze für eine internationale Umwelt- und Entwicklungspolitik festgelegt, die das Leitbild der nachhaltigen Entwicklung definieren.

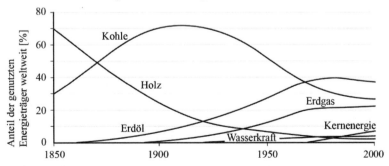

Bild 1: Genutzte Energieträger weltweit [2]

Dipl.-Ing. (FH) Alexander Kahnt, M. Sc. Emanuel Lägel,
Prof. Dr.-Ing. Klaus Holschemacher, HTWK Leipzig, Institut für Betonbau

1.2 Gesellschaftliche Relevanz des Problemraums

Die Weltbevölkerung wächst auch in den nächsten Jahrzehnten stetig an. Zudem setzt sich der Urbanisierungstrend kontinuierlich fort [4]. Dadurch und durch die weltweite Erhöhung des Lebensstandards nimmt auch der Bedarf an energetischen und nichtenergetischen Ressourcen weiter zu [5]. Das Bauwesen ist für nahezu die Hälfte des Primärenergieverbrauches der Industrienationen verantwortlich. Außerdem ist es der Hauptverbraucher der weltweit entnommenen Rohstoffe [3], [5], [6]. In den vergangenen 30 Jahren ist die weltweite Rohstoffentnahme um 80 % angestiegen und beträgt heute etwa 1 Billion Tonnen pro Jahr [5]. Dies ist insbesondere auf das große Wachstum in den Schwellenländern China, Indien und Brasilien zurückzuführen.

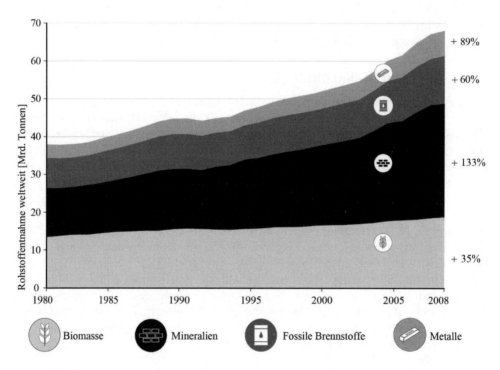

Bild 2: Rohstoffentnahme weltweit [4]

Das Bauwesen hat sich seit der großflächigen Verwendung von Stahlbeton kaum verändert. Das weltweit am häufigsten verwendete Material Beton führt seit jeher zu einem hohen Verbrauch an Rohstoffen. Beispielsweise wurden 2008 ungefähr 2,8 Milliarden Tonnen Zement, ca. 17 Milliarden Tonnen Gesteinskörnung und ca. 1,7 Milliarden Tonnen Wasser für die Betonherstellung verwendet [5]. Hinzu kommen die hohen CO_2-Emissionen. Allein die Herstellung von Zement war 2010 für 6,5 % des gesamten Kohlendioxidausstoßes verantwortlich [9]. Das entspricht etwa der dreifachen Menge CO_2, die durch die globale Luftfahrt emittiert werden. Bezogen auf sein Gewicht und seine Leistungsfähigkeit ist Beton dennoch ein sehr energieeffizienter Baustoff, problematisch sind allerdings die großen Mengen, die verbaut werden.

2 Energie- und rohstoffeffizientes Bauen

Um den gesamten Lebenszyklus eines Bauwerkes beurteilen zu können, ist es notwendig, alle Lebenszyklusphasen zu betrachten. Bisher wird in der Energieeinsparverordnung nur die Nutzungs-/ oder Betriebsphase des Gebäudes gesetzlich geregelt. Die Primärenergie, die für die Produktion der Bauteile aufgewendet wird, wird dagegen nicht betrachtet.

2.1 Lebenszyklusbetrachtung

2.1.1 Graue Energie

Unter „grauer Energie" versteht man die im Bauteil gebundene Energie, die während des Neubaus, der Instandsetzung und des Rückbaus der baulichen Anlage anfällt. Der Anteil der grauen Energie ist seit der Einführung der ersten Wärmeschutzverordnung 1977 erheblich angestiegen, da durch den steigenden Wärmeschutz sowie steigende Komfortbedürfnisse einer größere Menge von Werkstoffen, insbesondere vor allem auch mehr Verbundwerkstoffe verbaut werden. Hier besteht neben dem Problem der hohen grauen Energie auch ein Problem bezüglich mit der Zerkleinerung bzw. Trennung der Werkstoffbestandteile.

In den folgenden drei Lebenszyklusphasen eines Gebäudes fällt graue Energie an (Bild 3).

- **Herstellungsphase.** Sie beinhaltet den Rohstoffabbau, den Transport in das Werk, die Herstellung der Ausgangsprodukte sowie der Bauteile im Werk, der Transport zur Baustelle und die Montage.
- **Nutzungsphase.** Sie beinhaltet alle Instandsetzungs- und Serviceintervalle, d. h. je nach Nutzungsdauer der Bauteile müssen diese im Lebenszyklus ausgetauscht werden. Hinzu kommen Wartungs- und Serviceintervalle wie z. B. das Reinigen von Verglasungen.
- **Rückbauphase.** Sie beschreibt die Demontage von Bauteilen, den Abtransport zur Verwertungsanlage und die Wiederaufbereitung, Verbrennung oder Deponierung.

2.1.2 Ökobilanzen

Um auch die graue Energie in einem gesamtheitlichen Lebenszyklus bewerten zu können, muss eine Lebenszyklusanalyse erstellt werden. Dabei gab es in der Vergangenheit unterschiedliche Methoden. Um einheitliche Grundsätze zu schaffen, wurde die *DIN EN ISO 14040* [7] und die *DIN EN ISO 14044* [8] verfasst. Diese Normen regeln die Rahmenbedingungen, wie produktbezogene Ökobilanzen erstellt werden müssen. Die Normen definieren das Ziel und den Untersuchungsrahmen, die Erstellung von Sachbilanzen, die Wirkabschätzung und die Auswertung der Daten. Das Ziel und der Untersuchungsrahmen definiert die funktionelle Einheit (z. B. 1 kg Normalbeton C20/25). Zudem müssen Angaben über die beabsichtigte Anwendung,

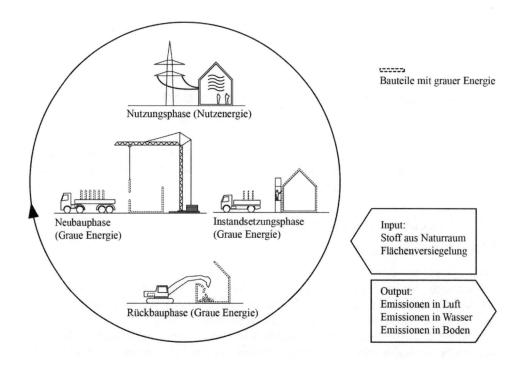

Bild 3: Lebenszyklusphasen eines Gebäudes [10]

ihren Nutzerkreis, ob sie als vergleichende Veröffentlichung gedacht ist und zu welchem Zweck sie erstellt wird, gemacht werden. Damit wird die Untersuchungsbreite und -tiefe in einem widerspruchsfreien, hinreichenden Ziel festgelegt. Bei der Erstellung der Sachbilanz auch Stoffstromanalyse werden alle Inputs (Ressourcenverbräuche) der funktionellen Einheit (Produkt) seinen Outputs (Emissionen) gegenübergestellt. In der Wirkabschätzung werden die Ergebnisse der Sachbilanz in verschiedenen Wirkkategorien zusammengestellt. Dabei werden mehrere Umweltemissionen mit einer Wirkkategorie (z. B. dem Treibhauseffekt) verknüpft. Diese Zusammenstellung beinhaltet bereits mehrere Werturteile. Bei der Auswertung werden wichtige Wirkkategorien identifizieren und analysiert. Aus den Ergebnissen werden im Anschluss Handlungsempfehlungen abgeleitet und ein Bericht erstellt.

2.1.3 Ergebnisse aus dem Lebenszyklus von Fassadenelementen

In einer Studie wurde die „graue" Energie verschiedener Fassadenbekleidungen über einen Lebenszyklus von 100 Jahren und bezogen auf eine Fläche von 1 m² verglichen [12].

Im Bild 4 sind die Umweltindikatoren des Treibhauspotentials in [kg/CO_2-Äq.] sowie der Primärenergie in [MJ] aufgezeigt. Dabei wurden die unterschiedlichen Fassadenwerkstoffe von links (positiv) bis rechts (negativ) eingeordnet.

Verglichen wurden eine Dreischichtplatte aus Lärche mit einer Dicke von 2,1 cm, eine Textilbetonplatte aus hochfestem Beton mit einer Dicke von 2 cm, eine Schieferplatte mit einer Dicke von 1 cm jeweils einmal aus Deutschland und einmal aus Spanien, eine Keramikkassette mit einer Gesamtdicke von 2,6 cm, eine Titanzinkkassette mit 2 cm Dicke und einer Faserzementplatte mit einer Dicke von 0,8 cm.

Jedes dieser Materialien besitzt eine definierte Lebensdauer, nach der ein Austausch erfolgen muss. So werden z. B. Holzbauteile bereits nach 40 Jahren ersetzt, Betonbauteile dagegen erst nach 70 Jahren. Als Bilanzierungszeitraum wurde ein Zeitraum von 100 Jahre angenommen [11]. Danach müssen Holzbauteile im Lebenszyklus zweimalig und Betonbauteile nur einmalig erneuert werden. Neben dem Austausch am Ende der Lebensdauer müssen Holzelemente darüber hinaus auch ständigen Wartungsintervallen unterzogen werden. Hier wird von einem Neuanstrich nach fünf Jahren ausgegangen. Somit kommt man im Lebenszyklus auf einen 20-fachen Neuanstrich der Fassade. Die dabei entstehenden Umwelteinflüsse der Beschichtung sind nicht unbedeutend.

Bei der Bilanzierung des Treibhauspotentials schneidet Holz am besten ab und das sogar im negativen Bereich. Im Zusammenhang mit nachwachsenden Rohstoffen darf die Sachbilanz negativ sein, weil der Lebenszyklus von nachwachsenden Rohstoffen nicht erst mit dem Abbau des Werkstoffes beginnt (hier: Holz), sondern bereits weit vorher mit dem Wachstum der Pflanze. Diese wandelt beim Vorgang der Photosynthese treibhauswirksames Kohlendioxid (CO_2) in Sauerstoff (O_2) um. Dieser positive Effekt darf bei der Bilanz mitbetrachtet werden, da er sich kurzfristig (im menschlichen Lebenszyklus) wiederholen lässt.

Primärenergetisch schneidet ebenfalls Holz ebenfalls am günstigsten ab. Jedoch kann hier kein zusätzlicher Bonus für erneuerbare Rohstoffe eingerechnet werden. Daher ist Holz nur geringfügig günstiger als die hochfeste Betonplatte. Hier wurde auch eine einheimische Lärche eingerechnet. Würde hingegen Tropenholz einem direkten Vergleich mit den übrigen Fassadenelementen unterzogen werden, käme es durch den langen Transportweg zu einer erheblichen Verschlechterung. Ähnliches kann man bei den vergleichbaren Schiefersorten sehen. Hier ist aber nicht nur der Transportweg des deutschen Schiefers von der Mosel auf die Baustelle kürzer, sondern auch noch ein Großteil der Erzeugungsenergie erneuerbar. Dies führt zur erheblichen Reduktion der Treibhausgasemissionen gegenüber dem spanischen Schiefer. Interessant ist auch der Lebenszyklus von Titanzink, da alle metallischen Produkte einen sehr hohen Herstellungsenergieaufwand aufweisen. Jedoch erreichen metallische Bauprodukte durch ihr hohes Recyclingpotenzial von ca. 65 bis 85 % am Ende des Lebenszyklus wieder ähnliche „graue" Energiemengen wie mineralische Baustoffe. Bilanzen sollten daher immer nur mit Materialdaten erfolgen, die auch das Szenario der Rückbauphase (End of Life) berücksichtigen. Ähnlich sieht es bei der thermischen Verwertung von Dreischichtplatten aus Lärche aus. Die Verbrennung wirkt sich positiv auf die Primärenergiebilanz aus, da Holz als einziger der genannten Werkstoffe in der Bilanz einen Heizwert aufweist. Die während der Verbrennung frei werdende Energie (ca. 78 %) kann von der Herstellungsenergie abgezogen werden.

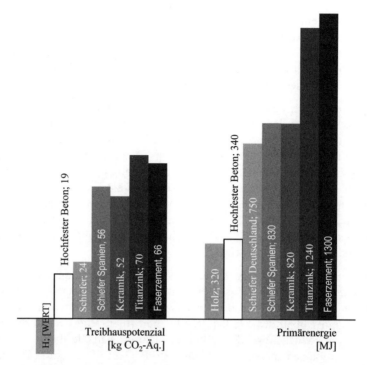

Bild 4: Umweltindikatoren von Fassadenbekleidungen (ohne Unterkonstruktionen) [11], [13], [12]

Die Textilbetonplatte aus hochfestem Beton schneidet als bester nicht erneuerbarer Werkstoff ab. Dies gilt sowohl für die frei werdenden Treibhausgasemissionen als auch für die notwendige Primärenergie über den Lebenszyklus.

2.2 Raumklima

Um ein behagliches Raumklima herzustellen und zusätzlich wertvolle Ressourcen aus notwendiger Heiz- und Kühlenergie zu sparen, sollten Werkstoffe für den Innenraum möglichst einen hohen Wärmeeindringkoeffizienten aufweisen. Zudem sollten diese Werkstoffe möglichst großflächig zum Einsatz kommen und nicht mit Werkstoffen mit einem geringen Wärmeeindringkoeffizienten verkleidet sein.

Die im Folgenden angegebenen Werkstoffeigenschaften wurden im Labor des Instituts für Bauklimatik der TU Dresden gemessen. Für Berechnungen zum baulichen Wärmeschutz sollten die Rechenwerte aus der *DIN 4108-4* [15] verwendet werden.

2.2.1 Wärmeeindringkoeffizient

Der Wärmeeindringkoeffizient b charakterisiert das Maß eines Werkstoffes, eine Wärmemenge über eine bestimmte Zeit aufzunehmen und wieder abzugeben. Der Koeffizient wird durch die Wärmeleitfähigkeit, die Wärmekapazität und die Rohdichte eines Werkstoffes charakterisiert. Ein hoher Wärmeeindringkoeffizient ist wichtig, um die instationären Bedingungen - hervorgerufen durch die großen Tag-Nachtschwankungen der Temperatur - abzufangen.

$$b = \sqrt{\lambda \cdot c \cdot p} \qquad (1)$$

λ Wärmeleitfähigkeit

c Wärmekapazität

p Rohdichte

Tabelle 1: Wärmeeindringkoeffizienten unterschiedlicher Werkstoffe in $J/(m^2 \cdot K \cdot s^{0,5})$ [14]

Holz (Fichte)	370,5	$J/(m^2 \cdot K \cdot s^{0,5})$
Historischer Ziegel	1.281,5	$J/(m^2 \cdot K \cdot s^{0,5})$
Hochlochziegel	877,5	$J/(m^2 \cdot K \cdot s^{0,5})$
Gipsplatte	380,0	$J/(m^2 \cdot K \cdot s^{0,5})$
Stahl	20.750,0	$J/(m^2 \cdot K \cdot s^{0,5})$
Glasfaserverstärkter Kunststoff (GFK)	741,5	$J/(m^2 \cdot K \cdot s^{0,5})$
Mineralwolle (MW)	32,0	$J/(m^2 \cdot K \cdot s^{0,5})$
Normalbeton C20/25 (unbewehrt)	2.035,0	$J/(m^2 \cdot K \cdot s^{0,5})$
Hochfester Beton (unbewehrt)	1.182,5	$J/(m^2 \cdot K \cdot s^{0,5})$

2.2.2 Wärmeleitfähigkeit

Unter der Wärmeleitfähigkeit λ versteht man die Wärmemenge in Ws, die im Gleichgewichtszustand in 1 s durch 1 m² Wandfläche und einer Wanddicke von 1 m (also 1 m³) hindurchfließt, wenn die Temperaturdifferenz beider Wandoberflächen 1 K beträgt [16].

Tabelle 2: Wärmeleitfähigkeiten unterschiedlicher Werkstoffe in $W/(m \cdot K)$ [14]

Holz (Fichte)	0,130	$W/(m \cdot K)$
Historischer Ziegel	0,996	$W/(m \cdot K)$
Hochlochziegel	0,550	$W/(m \cdot K)$
Gipsplatte	0,200	$W/(m \cdot K)$
Stahl	60,000	$W/(m \cdot K)$
Glasfaserverstärkter Kunststoff (GFK)	0,250	$W/(m \cdot K)$
Mineralwolle (MW)	0,040	$W/(m \cdot K)$
Normalbeton C20/25 (unbewehrt)	2,100	$W/(m \cdot K)$
Hochfester Beton (unbewehrt)	0,898	$W/(m \cdot K)$

2.2.3 Wärmekapazität

Die spezifische Wärmekapazität c ist eine Werkstoffeigenschaft, die angibt, welche Wärmemenge 1 kg des Baustoffes aufnimmt oder abgibt, wenn die Temperatur um 1 K geändert wird, und zwar unabhängig von der Zeit [17].

Tabelle 3: Wärmekapazitäten unterschiedlicher Werkstoffe in J/(kg • K) [14]

Holz (Fichte)	2000	J/(kg · K)
Historischer Ziegel	834	J/(kg · K)
Hochlochziegel	1000	J/(kg · K)
Gipsplatte	850	J/(kg · K)
Stahl	920	J/(kg · K)
Glasfaserverstärkter Kunststoff	1100	J/(kg · K)
Mineralwolle (MW)	840	J/(kg · K)
Normalbeton C20/25 (unbewehrt)	850	J/(kg · K)
Hochfester Beton (unbewehrt)	802	J/(kg · K)

2.2.4 Rohdichte

Unter der Rohdichte p ist das Verhältnis der trockenen Masse zum feuchten Rohvolumen des Werkstoffes zu verstehen. Das sogenannte Rohvolumen schließt nicht nur das Volumen des festen Stoffes ein sondern auch das beinhaltete Porenvolumen [17].

Tabelle 4: Rohdichten unterschiedlicher Werkstoffe in kg/m³ [14]

Holz (Fichte)	528	kg/m³
Historischer Ziegel	1979	kg/m³
Hochlochziegel	1400	kg/m³
Gipsplatte	850	kg/m³
Stahl	7800	kg/m³
Glasfaserverstärkter Kunststoff (GFK)	2000	kg/m³
Mineralwolle (MW)	30	kg/m³
Normalbeton C20/25 (unbewehrt)	2320	kg/m³
Hochfester Beton (unbewehrt)	1941	kg/m³

2.2.5 Tagesverlauf in einem Modellraum

Mit der Simulationssoftware DesignBuilder wurde ein Modellbüro mit den folgenden Maßen simuliert: 4 m Breite, 4 m Tiefe und 2,6 m Höhe [18]. Die ermittelten Datenpunkte der Innentemperatur wurden danach in die Software Delphin [14] überführt, um dort die Wandoberflächentemperaturen auszugeben.

Bild 5 zeigt die Innenraumtemperatur (grau gepunktete Linie), die Leichtbauwand mit einer doppelten Gipsbeplankung (dünne schwarze Linie) sowie die Massivbauwand aus Normalbeton (dicke schwarze Linie).

In den Nachtstunden kann durch eine Nachtlüftung die vorhandene Energiemenge aus den Wandbauteilen abgeführt werden. Ab der Morgendämmerung steigt die Innentemperatur wieder an, wobei die direkte Strahlung vorerst nur auf die Ost- und etwas später auch auf die Südfassade trifft. Kurz nach 13 Uhr bewegt sich die Sonne dann auf die Westfassade zu. Die bereits durch die Außentemperatur vorgewärmten Räume überhitzen bei tief stehender Westsonne sehr schnell. Im vorliegenden Szenario werden trotz eines außenliegenden Sonnenschutzes Temperaturen bis 29 °C erreicht.

In diesem Fall ist die Bauweise des Gebäudes wichtig, um ein Überhitzen zu vermeiden. Die Wandoberflächentemperatur der Leichtbauwand folgt nahezu deckungsgleich der Innentemperatur (Bild 5, dünne schwarze Linie). Es kommt zu Oberflächentemperaturen über 28,5 °C. Wohingegen die Massivbauwand (Bild 5, dicke schwarze Linie) dem Temperaturverlauf nur zeitversetzt und sehr abgemindert folgt. Hier kommt es durch den hohen Wärmeeindringkoeffizienten von Normalbeton zu einer max. Oberflächentemperatur von 26,5 °C.

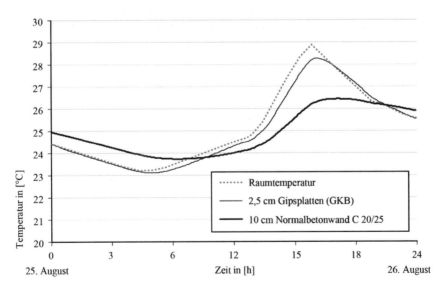

Bild 5: Tagesverlauf in einem Modellbüroraum in Dresden, Westseite, Daten: [14]

Die Massivbauweise von Decken, Innen- oder Außenwänden als Betonwand kann die notwendige Kühlenergie stark reduzieren und trägt somit dazu bei, nachhaltiger zu bauen.

3 Langlebiges Bauen, Dauerhaftigkeit von Beton

Die Dauerhaftigkeit eines Baustoffes entscheidet über seinen Nutzen für die Gesellschaft sowie seine Anwendung im Bauwesen. Gleichzeitig ist die Dauerhaftigkeit eines Baustoffes eng verknüpft mit seiner Nachhaltigkeit. Beides resultiert aus seiner Beständigkeit gegenüber den Einflüssen, welche auf ihn einwirken. *Stark* [19] definiert Dauerhaftigkeit als „die Beständigkeit eines Bauteils gegenüber inneren und äußeren Einflüssen während der geplanten Nutzungsdauer."

Oftmals verschwimmen die Auswirkungen einer mangelnden Beständigkeit und es ist nicht immer zweifelsfrei feststellbar, ob innere oder äußere Einflüsse ausschlaggebend für die erhaltenen Messwerte sind.

3.1 Innere Einflüsse

Die inneren Einflüsse ergeben sich aus den Reaktionen der Ausgangsstoffe, welche bei der Herstellung des Baustoffes Beton verwendet werden. Dies kann zu Treiberscheinungen führen (Kalktreiben, Magnesiatreiben, Sulfattreiben) oder auch zur gefürchteten Alkali-Kieselsäure-Reaktion (AKR) [24].

Die AKR tritt nur dann auf, wenn die inneren Einflüsse, wie das reaktive Gesteinskorn oder der erhöhte Alkaligehalt z. B. aus dem Zement durch äußere Einflüsse wie das Wasser oder auch Alkalien in Form von Taumitteln, zusammenwirken. Das Ergebnis ist die Bildung eines Kieselsäuregels, welches zum inneren Treiben führt. Dadurch wird die Dauerhaftigkeit des Betons stark reduziert.

Bild 6: Vorrausetzungen für eine AKR [20]

Diese inneren Einflüsse sind immer mit chemischen Umwandlungsreaktionen verbunden und müssen im Vorfeld planerisch ausgeschlossen werden. Dies kann zum einen durch die Verwendung einer nicht reaktiven Gesteinskörnung oder durch die Verwendung eines geeigneten Zementes geschehen.

3.2 Äußere Einflüsse

Anders verhält es sich mit den äußeren Einflüssen. Jeder Beton muss an seine spätere Verwendung angepasst werden. Dies geschieht in der Regel durch einen geeigneten Betonentwurf auf Basis der Expositionsklassen. Diese beschreiben die zu erwartenden Umgebungsbedingungen und legen Grenzwerte, z. B. bei den max. zulässigen w/z-Werten, fest. Auch hier wird im Vorfeld planerisch sowie betontechnologisch versucht, die Dauerhaftigkeit des Festbetons auf die Nutzungsdauer abzustimmen. Die Dauerhaftigkeit vor äußeren Einflüssen kann als recht vielfältig angesehen werden. So gilt es, eine Beständigkeit, z. B. gegen Frost, Chloride, die mechanische Abnutzung oder auch den chemischen Angriff, sowie die Karbonatisierungsreaktion mit dem CO_2, die später dann zur Bewehrungskorrosion führt, über die gesamte Nutzungszeit sicher zu stellen.

3.2.1 Ursachen

Während andere Baustoffe sich vor den äußeren Einflüssen selbst schützen, wie z. B. durch die Holzrinde, muss der Beton, gerade bei seiner Herstellung zusätzlich geschützt werden. Beton ist zwar bei der späteren Nutzung fest und wird auch als künstlicher Stein bezeichnet, jedoch ist er am Anfang eine Flüssigkeit mit thixotropen Eigenschaften. Erst die chemische Reaktion des Zementes mit dem Wasser führt zur Bildung einer festen Struktur. In dieser Umwandlungsphase von flüssig zu fest ist der Beton jedoch sehr empfindlich gegen äußere Einflüsse [20].

Diese sind in erster Linie der unkontrollierte Wasserverlust durch Austrocknung sowie das unerwünschte Abfließen der Hydratationswärme, welches Spannungen im jungen Beton hervorrufen kann. Junger Beton ist noch nicht in der Lage, diese Spannungen aufzunehmen und es kommt unweigerlich zu Rissen [21]. Damit wird das Bauteil bereits vor Nutzungsbeginn geschädigt.

Damit Beton beständig wird, ist es notwendig, seine Porosität zu begrenzen. Dies geschieht planerisch, durch die Begrenzung des w/z-Wertes, aber auch betontechnologisch durch die Zugabe von Betonzusatzstoffen, wie Flugasche oder Silika. Durch die Reduktion des Porenanteils wird eine Vielzahl seiner Eigenschaften positiv beeinflusst. Hier ist in erster Line die Verbesserung der Druckfestigkeit zu nennen. Aber auch Parameter, wie der Widerstand gegen das Eindringen von Flüssigkeiten oder Gasen werden in hohem Maße verbessert. Dadurch erhöht sich der Widerstand gegen äußere Einflüsse und führt zu einer Reduktion der Schäden am Beton.

Neben dem Ansteigen der Porosität durch einen ungenügenden Hydratationsgrad in Folge des Wasserverlustes führt die Austrocknung des Bauteils zu großen Schwindverformungen. Dieses Frühschwinden führt bei einer Verformungsbehinderung zu einer Rissbildung im Bauteil. Gelingt es, den

Wasserverlust so lange zu begrenzen, bis die Zugfestigkeit des Betons groß genug ist, reduziert sich diese Rissbildung erheblich.

3.2.2 Gesteigerte Dauerhaftigkeit

Um den Wasserverlust zu begrenzen, ist die richtige Nachbehandlung des Betons in den ersten Stunden und Tagen von enormer Bedeutung. Wichtig ist hier im Speziellen die Art der Nachbehandlung, die immer wieder neu an die am Einbauort herrschenden Bedingungen angepasst werden muss.

Dies können einfachste Maßnahmen sein, wie das Verschließen von Bauteilöffnungen, um bspw. ein zu starkes Austrocknen eines frischen Betonbodens durch Zugluft zu vermeiden. Eine ebenso unkomplizierte Methode ist das Abhängen von Lichtbändern in den Dachflächen, um ein ungleichmäßiges punktuelles Erwärmen des frisch eingebrachten Betons durch Sonneneinstrahlung zu vermeiden. Dadurch reduziert sich die Gefahr der Rissbildung in den ersten Stunden erheblich. Auch das Abdecken der frischen Betonfläche ist ein wirksames Mittel gegen Verdunstung. Somit wird nicht nur der Hydratationsgrad positiv beeinflusst, was sich in einer erhöhten Dauerhaftigkeit widerspiegelt, sondern es wird auch die Rissgefahr durch Frühschwinden reduziert.

Oftmals ist es schwer möglich, große Betonflächen mit einem Verdunstungsschutz abzudecken. Hier hilft es, bereits im Vorfeld Beneblungskanonen zu installieren, um somit dem Verdunsten des Wassers aus dem Beton gegenzusteuern. In jedem Fall muss jedoch die aufgebrachte Wassermenge im richtigen Verhältnis zu der verdunsteten Wassermenge stehen, um eine Verwässerung der Betonoberfläche, mit all ihren negativen Folgen zu vermeiden.

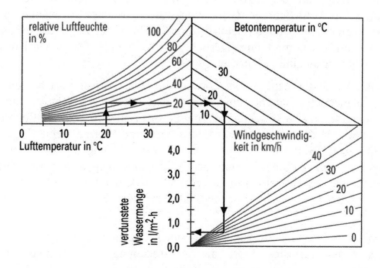

Bild 7: *Austrocknungsverhalten von Beton in Abhängigkeit von Windgeschwindigkeit, Luftfeuchtigkeit sowie Betontemperatur [19]*

Um die verdunstete Wassermenge einschätzen zu können, gibt es verschiedene Hilfsmittel. Neben der Möglichkeit, diese Wassermenge über das Bild 7 abzuschätzen, bietet sich der Lackmustest an. Dabei wird in regelmäßigen Abständen ein Streifen Lackmuspapier auf die Betonoberfläche aufgelegt. Solange es zu einem Farbumschlag kommt, wird genügend Wasser an die Oberfläche transportiert, was bedeutet, dass ein Wasserfilm vorliegt. Erst wenn kein Farbumschlag mehr zu erkennen ist, ist der Zustand der Mattfeuchte erreicht und es muss mit Nachbehandlungsmaßnahmen begonnen werden, um eine Schädigung des noch plastischen Betons zu vermeiden. Die DIN EN 13670 [22] in Kombination mit der DIN 1045-3 [23] regelt einen Teil der Nachbehandlung. So sind darin z. B. die Mindestdauer der Nachbehandlungszeiten festgelegt.

Der Nachteil vieler Verfahren ist jedoch, dass diese passiv arbeiten und es vom Nutzer und dessen Messintervallen abhängt, ob die Nachbehandlung rechtzeitig begonnen wird.

Eine Alternative und zugleich ein Novum auf diesem Gebiet ist die funkmesstechnische Überwachung des Kapillardruckanstieges im Betonporengefüge mittels Kapillardrucksensoren (Bild 8).

Bild 8: funkbasierter Kapillardrucksensor (Bild: M. Schmidt)

Bei diesem Messsystem wird der sich aufbauende kapillare Unterdruck im Betongefüge gemessen. Dieser entsteht, wenn die verdunstete Wassermenge größer wird als die Wassermenge, die vom Beton nachgeliefert werden kann, und somit eine mattfeuchte Oberfläche entsteht. Bild 10 zeigt die Entwicklung dieses kapillaren Unterdrucks bei einer fehlenden Nachbehandlung im Vergleich zu einer Nachbehandlung mittels Abdecken mit Folie sowie ein doppeltes Aufsprühen eines flüssigen Curringmittels. Es ist gut zu erkennen, dass eine fehlende Nachbehandlung zu größeren Verdunstungsmengen führt, was sich in einem zeitigeren Kapillardruckanstieg widerspiegelt. Die verdunstete Wassermenge führt im

Porengefüge des Betons zu einem Unterdruck, der mit größer werdender Verdunstung weiter ansteigt bis der Beton die Kräfte nicht mehr aufnehmen kann und reißt. Mit Hilfe der Kapillardruckmessung in Echtzeit kann nun das Nachbehandlungsregime so gesteuert werden, dass der Auftragszeitpunkt sowie die Menge an Nachbehandlungsmitteln besser eingeschätzt werden kann. Dadurch wird die verdunstete Wassermenge reduziert und steht damit dem Beton für die Hydratation zur Verfügung. Exemplarisch wurde in Bild 9 der Kapillardruck während einer Nachbehandlung durch Beneblung gemessen. Hier ist zu erkennen, dass ein gesteuertes Zuschalten der Beneblungsvorrichtung den entstehenden Unterdruck im Gefüge reduzieren kann, ohne dass die Betonoberfläche verwässert wird. Führt man diese Art der Nachbehandlung so lange fort, bis die Zugfestigkeit im Beton ausreicht, um dem kapillaren Unterdruck zu widerstehen, reduziert man die Rissgefahr des noch jungen Betons erheblich.

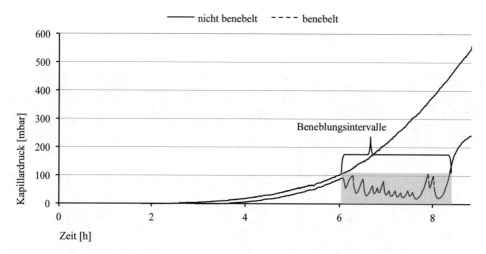

Bild 9: *Kapillardruckentwicklung bei Beneblung [25]*

Diese verdunstete Wassermenge wirkt sich später auf die Qualität des Betons aus, was wiederum dessen Dauerhaftigkeit beeinflusst. Exemplarisch wurden für die in Bild 11 gezeigten Betone die Haftzugfestigkeiten gemessen. Hier wird speziell die Oberfläche des Betons geprüft, die wiederum den Widerstand gegen äußere Einflüsse darstellt. Im Bild 10 ist gut zu erkennen, dass mit steigender Qualität der Nachbehandlung auch die Betonoberflächenzugfestigkeit ansteigt. Dies wiederum wirkt sich auch positiv auf andere Kriterien für die Dauerhaftigkeit des Betons aus.

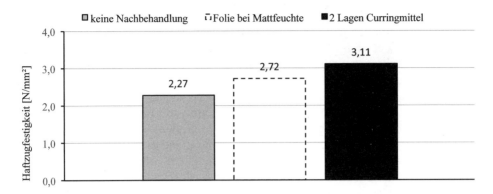

Bild 10: Abhängigkeit der Haftzugfestigkeit im Vergleich zur Art der Nachbehandlung [20]

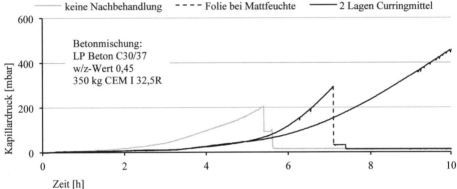

Bild 11: Kapillardruckentwicklung in Abhängigkeit der Nachbehandlung bei Normalbeton [20]

Drastischer werden die Auswirkungen einer nicht angepassten Nachbehandlung, wenn die Leimgehalte steigen und die w/z-Werte festigkeitsbedingt unter 0,45 reduziert werden. Hier benötigt der Zement das komplette Anmachwasser, um vollständig reagieren zu können. Bereits geringe Verdunstungsraten haben hier große Auswirkungen auf die Rissgefahr im plastischen Zustand.

Durch eine an das Bauteil und dessen Herstellumgebung angepasste Nachbehandlung werden die die Dauerhaftigkeit betreffenden Eigenschaften in hohem Maße verbessert. Dies wirkt sich ebenfalls positiv auf eine längere Lebensdauer eines Bauteils aus. Bereits einfache Maßnahmen, wie das Abdecken mit Folie, oder das Aufsprühen eines flüssigen Nachbehandlungsmittels, reduzieren die Rissgefahr durch plastisches Schwinden. Durch die Integration moderner Messtechnik in das Nachbehandlungsregime lassen sich diese Abläufe optimieren, was zu einer weiteren Verbesserung sowohl von Qualität als auch von Quantität führt.

4 Zusammenfassung und Ausblick

Im Vergleich zu anderen Bauweisen ist der Betonbau bereits heute in vielen Aspekten vorteilhafter [26]. Durch den mengenmäßig großen Einsatz wird er jedoch als unökologisch wahrgenommen, obwohl Beton bei der untersuchten Anwendung primärenergetisch sehr gut abschneidet (siehe Abs. 2.1 Lebenszyklusbetrachtung). Auf das Raumklima wirken Massivbauteile aus Beton ebenfalls sehr positiv, da sie Temperaturspitzen durch ihre thermische Speichermasse reduzieren und so auf die notwendige Kühlenergie im gemäßigten Klima in großen Teilen verzichtet werden kann (siehe Abs. 2.2 Raumklima). Durch ein Verständnis der Herstellungs- und Nachbehandlungsprozesse ist es schließlich möglich, die Dauerhaftigkeit von Bauwerken aus Beton durch die Verbesserung der Eigenschaften erheblich zu erhöhen. (siehe Abs. 3 Langlebiges Bauen, Dauerhaftigkeit von Beton).

Durch eine individuell einstellbare Matrix können Betonbauwerke an jede mögliche Anwendung angepasst werden. Dadurch lassen sich die mechanischen Eigenschaften aber auch die Ökobilanz durch den Einsatz verfügbarer und energiereduzierter Rohstoffe weiter verbessern [27].

Vorgenannte Aspekte sollen u. a. im Forschungsvorhaben *Carbon Concrete Composite* – C^3 bis zum Jahr 2020 untersucht werden. Dabei müssen die Voraussetzungen geschaffen werden, ca. 20 % der korrosionsanfälligen Stahlbewehrung durch Carbonbewehrung zu ersetzen. In den beiden vorausgegangenen Sonderforschungsbereichen (SFB) 528 und 532 in Dresden und Aachen zum Textilbeton wurden dabei die Grundlagen für diese Technologie gelegt. Im C^3-Vorhaben werden aufbauend auf den beiden SFBs - neben den bereits bekannten dünnen plattenförmigen Anwendungen mit textilen Bewehrungsstrukturen - auch tragende Strukturen mit Bewehrungsstäben aus Carbon untersucht. Das Vorhaben wird vom Bundesministerium für Bildung und Forschung mit insgesamt ca. 45 Mio. € gefördert. Die Konsortialführung liegt beim Institut für Massivbau der TU Dresden. Derzeit sind über 100 Partner aus Wirtschaft und Wissenschaft im Konsortium organisiert.

Dieses Vorhaben ermöglicht es, eine Bauweise grundsätzlich neu zu denken. Die C^3-Bauweise soll durch die Unempfindlichkeit gegenüber Stahlkorrosion zukünftig ressourceneffizienter, langlebiger, filigraner und damit nachhaltiger ausgeführt werden können [28].

Literatur

[1] von Carlowitz, H. C.: Sylvicultura oeconomica [oder] Hausswirthliche Nachricht und naturmässige Anweisung zur wilden Baum-Zucht (Reprint der 2 Aufl. Leipzig, Braun 1732 ed.). Remagen-Oberwinter: Kessel 2009.

[2] World Commission on Environment and Development: Our common future. Oxford u. a.: Oxford University Press, 1987.

[3]   Hegger, M. u.a.: Energie-Atlas: nachhaltige Architektur. Birkhäuser, Basel, 2007.

[4]   United Nations, Department of Economic and Social Affairs, Population Division: World Urbanization Prospects: The 2011 Revision. UN, New Yor, 2012.

[5]   Dittrich, M.; Giljum, S.; Lutter, S.; Polzin, C.: Green economies around the world? Implications of recouse use for development and the environment. Wien, 2012.

[6]   Radermacher, F. J.; Beyers, B.: Welt mit Zukunft: Überleben im 21. Jahrhundert; [Bericht an die Global Marshall Plan Initiative]. Murmann Verlag, Hamburg, 2007.

[7]   DIN EN ISO 14040: Umweltmanagement – Ökobilanz – Grundsätze und Rahmenbedingungen (ISO 14040:2006); Deutsche und Englische Fassung EN ISO 14040:2006. Ausgabe November 2009.

[8]   DIN EN ISO 14044: Umweltmanagement – Ökobilanz – Anforderungen und Anleitungen (ISO 14044:2006); Deutsche und Englische Fassung EN ISO 14044:2006, Ausgabe Oktober 2006.

[9]   Hipp, D.: Kurzer Prozess – Zementfabriken. Spiegel, 31/2010, S. 128.

[10]   König, H. u. a.: Lebenszyklusanalyse in der Gebäudeplanung: Grundlagen, Berechnung, Planungswerkzeuge. München: Institut für Int. Architektur-Dokumentation, Edition Detail Green Books, München, 2009.

[11]   Deutschland. Bundesministerium für Verkehr, Bau und Stadtentwicklung. Leitfaden für nachhaltiges Bauen. BMVBS, Berlin 2001.

[12]   Kahnt, A.; Hülsmeier, F.: Umweltindikatoren von Fassadenbekleidungen. Ingenieurnachrichten: Magazin für Technologietransfer, 13 (2011), H. 1, S. 15.

[13]   Deutschland. Bundesministerium für Verkehr, Bau und Stadtentwicklung: Erste deutsche Baustoffdatenbank für die Bestimmung globaler ökologischer Wirkungen - Ökobau.dat.BMVBS, Berlin, 2009.

[14]   Grunewald, J.; Nikolai, A.: Delphin 5: Simulationssoftware zum gekoppelten Feuchte- und Wärmetransport. 5. Auflage, Institut für Bauklimatik, Dresden, 2008.

[15]   DIN 4108-4: Wärmeschutz und Energie-Einsparung in Gebäuden – Teil 4: Wärme- und feuchteschutztechnische Bemessungswerte, Ausgabe Februar 2002.

[16]   Bläsi, W.: Bauphysik. 7. Auflage, Verlag Europa-Lehrmittel, Haan-Gruiten, 2008.

[17]   Fischer, H.; Freymuth, H.; Häupl, P.; Homann, M.; Jenisch, R.; Richter, E. et al.: Lehrbuch der Bauphysik. 6, aktualisierte und erweiterte Auflage, Vieweg+Teubner Verlag / GWV Fachverlage GmbH, Wiesbaden, 2008.

[18]   DesignBuilder. DesignBuilder Software Ltd., London 2013.

[19] Zementtaschenbuch. Verlag Bau+Technik, Düsseldorf, 2002.

[20] Lägel, E.: Untersuchungen zum Einfluss der Nachbehandlung. HTWK Leipzig, 2010.

[21] Slowik, V.; Schmidt, M.: Betonrisse im frühen Alter und ihre Bedeutung für die Dauerhaftigkeit der Bauwerke. HTWK Leipzig.

[22] DIN EN 13670: Ausführung von Tragwerken aus Beton; Deutsche Fassung EN 13670:2009, Ausgabe März 2011.

[23] DIN 1045-3: Tragwerke aus Beton, Stahlbeton und Spannbeton – Teil 3: Bauausführung – Anwendungsregeln zu DIN EN 13670, Ausgabe März 2012.

[24] Stark, J.; Wicht, B.: Dauerhaftigkeit von Beton. 2. Auflage, Springer Vieweg, 2013.

[25] Slowik, V.; Schmidt, M. (2010). Kapillare Schwindrissbildung in Beton. Bauwerk Verlag, Berlin, 2010.

[26] Holschemacher, K. (Hrsg.): Entwurfs- und Berechnungstafeln für Bauingenieure. 6. Auflage, Beuth Verlag, Berlin, 2013.

[27] Frenzel, M.; Kahnt, A.: Ökobilanzielle Betrachtung von leichten Sandwichelementen aus Beton. In: Breitenbücher, R.; Mark, P. (Hrsg.): Beiträge zur 1. DAfStb-Jahrestagung mit 54. Forschungskolloquium. Bochum, 2013, S. 23-28.

[28] Curbach, M.; Schladitz, F.; Kahnt, A.: Revolution im Bauwesen – Carbon, Concrete Composite. Ingenieurbaukunst 2015. Ernst & Sohn, Berlin, 2015, S. 172-177.

Schriftenreihe Betonbau

Hintergründe, Auslegungen, Praxisbeispiele
Beiträge aus Praxis und Wissenschaft

Herausgeber: Prof. Dr.-Ing. Klaus Holschemacher

Bisher erschienen:

Stahlbetonbau-Praxis Spezial: DIN 1045 neu. Bauwerk Verlag, Berlin, 2001

Neue Perspektiven im Betonbau. Bauwerk Verlag, Berlin, 2003

Stahlbetonplatten. Neue Aspekte zu Bemessung, Konstruktion und Bauausführung. Bauwerk Verlag, Berlin, 2007

Betonbau im Wandel. Bauwerk Verlag, Berlin, 2009

Neue Normen und Werkstoffe im Betonbau. Bauwerk Verlag, Berlin, 2011

Betonbauteile nach Eurocode 2. Beuth Verlag, Berlin, Wien, Zürich, 2013

Betonbauwerke für die Zukunft. Beuth Verlag, Berlin, Wien, Zürich, 2015

Holschemacher
Entwurfs- und Berechnungstafeln für Bauingenieure
7. aktualisierte Auflage

Aus dem Inhalt:
// Baustatik
// Seil- und Membrantragwerke
// Glasbau
// Bauphysik
// Baulicher Brandschutz
// Bauschadensvermeidung
// Befestigungstechnik
// Baustoffe
// Straßenwesen
// Schienenverkehr
// Wasserbau/Wasserwirtschaft

Bauwerk
Entwurfs- und Berechnungstafeln für Bauingenieure
Herausgeber: Prof. Dr.-Ing. Klaus Holschemacher
7. aktualisierte Auflage 2015.
ca. 1.360 S. mit Daumenregister. A5. Gebunden.
ca. 46,00 EUR | ISBN 978-3-410-25044-1

Bestellen Sie unter:
Telefon +49 30 2601-2260
Telefax +49 30 2601-1260
kundenservice@beuth.de

Auch als E-Book unter:
www.beuth.de/holschemacher

Beuth Verlag GmbH Am DIN-Platz Burggrafenstraße 6 10787 Berlin

Bauwerk   Beuth
Berlin · Wien · Zürich

Inserentenverzeichnis

Die inserierenden Firmen und die Aussagen in Inseraten stehen nicht notwendigerweise in einem Zusammenhang mit den in diesem Buch abgedruckten Normen. Aus dem Nebeneinander von Inseraten und redaktionellem Teil kann weder auf die Normgerechtheit der beworbenen Produkte oder Verfahren geschlossen werden, noch stehen die Inserenten notwendigerweise in einem besonderen Zusammenhang mit den wiedergegebenen Normen. Die Inserenten dieses Buches müssen auch nicht Mitarbeiter eines Normenausschusses oder Mitglied des DIN sein. Inhalt und Gestaltung der Inserate liegen außerhalb der Verantwortung des DIN.

DLUBAL Software GmbH, 93464 Tiefenbach .... Seite 76

PEIKKO Deutschland GmbH, 34513 Waldeck .... Seite 118

Zuschriften bezüglich des Anzeigenteils
werden erbeten an:

Beuth Verlag GmbH
Anzeigenverwaltung
Am DIN-Platz
Burggrafenstraße 6
10787 Berlin